U0031233

詹姆士快手菜

鄭堅克 —— 著

目次
Contents

第 2 章

有菜有肉有澱粉的一碗食 ●━━━━━━━━━━━━━● 068

第 3 章

壓力鍋、燜燒罐、烤箱的無油煙快速料理 ●━━━━━● 094

第 4 章

堆疊的藝術：如何突出一道菜的星級風味 ●━━━━━━● 122

第 5 章

做大菜也不慌亂的宴客菜心法 ●━━━━━● 172

廚房裡的

快手心法

管好你的冰箱，做菜才會快

不論你是家庭主婦（夫）、料理愛好者，或是專業廚師，做菜的第一步不是洗菜切菜，不是開火動鍋鏟，而是先做好**食材管理**，這個動作沒做好，做菜的速度永遠快不了。

對於專業廚房來說，**冷凍庫是個非常重要的角色**，雖然餐廳廚房的冷凍庫總是藏身在不起眼的角落，不像那些擺在開放式檯面上舒肥器、分子料理蒸餾器那般顯眼，但冷凍庫卻是一座廚房的起點，要是食材沒有做好適當的管理，要能日日餐餐順利出菜根本是天方夜譚。

料理就是食材的組合，冰箱管得好，下廚時組合食物的速度就會快，這是要做快手菜的第一步。當你買完菜回到家後，不要只是把食材分冷藏、冷凍丟進去就算數，從我在日本唸廚藝學校時就養成習慣，採買後我會花兩個鐘頭處理食材，看起來雖然麻煩，但相信我，這時間花得絕對值得。

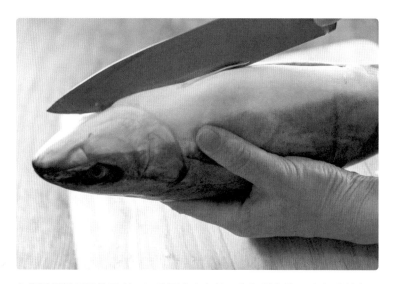

魚類最好當天買當天煮，如果要冷凍存放，先切開魚肚、塞廚房紙巾吸收組織液，可減少退冰的腥味。

家庭常用食材的採買原則

　　快手菜的最高境界就是「無招勝有招」，看手邊有什麼食材隨機變化，也許習慣照食譜一步一步做菜的人會覺得很困難，但其實只要你常做又愛吃，久而久之總是會悟出食材互相搭配組合的邏輯，也因此**一般家庭的採買，重點並不在專為哪一道菜而買，而是用途廣泛的基本食材。**

　　以我自己為例，常備的肉類有牛、豬、雞三種。牛肉我喜歡挑莎朗及牛小排兩個部位，若覺得莎朗或肋眼等部位太油，也可選擇菲力。豬肉常備的會有五花肉、梅花肉跟松阪肉；雞肉則有腿排跟雞胸肉；至於羊肉用到的機會不多，需要用到時再買就好。刻意採買不同部位的原因是可以把口感與風味區隔開來，便可用有限的食材變化出最多種的料理。

　　魚類或頭足類海鮮我都是當天現買現吃，雖然海鮮也可以冷凍，但一般人自己很難處理得好，解凍容易產生腥味，魚蝦貝類中唯有蝦子可以冷凍常備。另外如果你做菜喜歡丟幾顆蛤蜊提鮮，也可以在吐過沙後直接冷凍一點備用，但凍過的蛤蜊肉做湯頭可以，吃起來口感不佳，這點要注意。

　　要在短天數內快速消化的食材只有蔬菜類，所以去菜市場前，我會先衡量一週內會在台灣停留幾天、待在家裡的時間長短、大多是白天（早中餐）還是晚上在家（晚餐）、有沒有時間做菜等等，以決定採買食材的比例。好比說我寫書的期間正好跟朋友比賽減重，採買時葉菜類的比例就會高一點。不過綠色葉菜類易爛，建議盡量不要買過多，平時挑一些較耐久的菜，像是高麗葉和大白菜，冰起來慢慢吃一、兩週不成問題。另外像是香菇、黑木耳等都是很好的配色、配菜選項，若無法確定開伙頻率，就買使用時才以熱水泡發的乾貨。

食材冷凍與冷藏的小撇步

不管哪一種蔬菜,買回家都要先挑掉爛葉或偏黃的莖葉再存放。十字花科的花椰菜買回來後先削掉一點根部,再用濕紙巾包裹起來,可延長新鮮度。

肉類或海鮮,除非會在一兩天內用掉,否則都需要冷凍,很多人老覺得解凍的肉會有肉腥味,這是因為在解凍的過程中肉類會排出組織液,這會造成腥味,**在冷凍前試試看包裹一層廚房紙巾**,放到夾鏈袋中再進冷凍庫,回溫時紙巾可吸附組織液不回滲到肉裡。

魚類的組織液就更腥了,最好買回家當天就煮掉,如果真需要冷凍存放,就要比照日本料理廚師的做法:多做一道工序,**先在魚肚內塞滿紙巾**,魚身再包覆一層紙巾後才進冷凍,就可以減少腥味來源。

肉類可以先切絲、切丁或切片,分小包裝,用保鮮膜包起來壓扁,一層一層的平鋪放入保鮮盒,既不會佔空間,且因為小量分裝,要用時不需太多時間即可退冰剛剛好的份量。

市面上可冷藏用的收納盒種類繁多,廠商喜歡把不同尺寸形狀大小的收納盒整組販售,消費者看價格便宜,就不由得越買越多以求心安,但其實化繁為簡才更利於收納,不同尺寸形狀的收納盒不方便堆疊,收進冰箱既浪費空間也顯得雜亂。我自己多年的使用心得,圓形的收納盒是最難用的!因為圓盒會浪費冰箱裡的空間,盡量挑方盒,並只需大中小三種尺寸各買兩到三個,就足以滿足小家庭的需求,看起來整齊又能無形中增加收納空間。

蝦子是少數適合較長天數冷凍存放的海鮮。

肉類買回家後先別急著冰，分切後用保鮮膜分裝才進冷凍庫，
且盡量壓放成片狀，料理前可節省解凍時間。

白飯一次煮 3 杯才好吃！

除了食材分裝冷凍，我也會先做一些半成品冷凍起來，加速做一頓飯的速度，就連白米飯我都會先煮好分裝。大家大概都沒意識到，煮白飯其實是很耗時間的，洗米淘米，講究一點的還要靜置 20 分鐘讓米粒吸飽水分，放入電子鍋、按下開關後就算快煮模式也要半個小時才會煮好。萬一做菜做到一半才發現忘了煮飯，一桌菜沒白飯可配，更是悲劇！煮白飯要有一定的量才會又香又 Q，只煮 1 杯米通常不會好吃，最起碼要 3 杯起跳，但我一個人住的時候吃不了那麼多，煮好後拿塊濕布蓋上剩餘的白飯等待降溫，再分裝成一餐的小份量放進冰箱冷凍或冷藏。

當食材與冰箱管理做得好、分類分層分裝都清楚，退冰時間就快速。想做肉絲蛋炒飯，先從冷凍庫取出肉絲和白飯，蔥切末肉絲入鍋、蛋和米飯攪拌後放進來，快速就能完成一餐。

適合冷凍分裝的預做料理

我有空閒時會預先做好醬料類和半成品的常備菜，再分小包裝冷凍起來。醬料類包括咖哩醬、黑胡椒醬、滷肉汁等這類常會吃到或能快速應急的搭配佐料。我的冰箱常備菜則有三寶：**肉燥、咖哩、榨菜肉絲**。每回我到加拿大看女兒，要回台灣的前兩天，就會幫她做好再分成幾十小等份，把她的冰箱補

挑保鮮盒以方型優先，比較不會浪費空間。

三色豆等可以存放較久的蔬菜，以一次用完的份量為原則分裝小包後再壓扁冷凍。

滿。肉燥或咖哩類料理，只要跟白飯一起微波加熱就可以食用；而榨菜肉絲除了你可以想像的做法，例如搭配煮湯麵，我自己的吃法是用榨菜肉絲的料跟湯汁來炒飯，等炒到湯汁收得差不多的時候，再淋上 1 小匙的油潑辣子，好吃到升天呢！

肉燥、咖哩、榨菜肉絲都是帶有少量湯汁的菜，冷凍收納時我會先小份量的分裝，份量掌握的原則是寧少毋多，寧可一次退冰兩小包，也不要一次退冰太多吃不完浪費。放入夾鏈袋密封後攤平、放在普通烤盤上進冷凍庫，固化成片狀後就可以取出烤盤，**改成直立插入的方式放入冷凍庫**，不但取用方便，也可充分利用冷凍庫的每一寸寶貴空間。

我們都知道蔬菜中能長時間儲藏的食材只有根莖類，同理，當你要做常備料理冷凍，也要注意，除了三色豆、馬鈴薯、紅蘿蔔、南瓜適合冷凍，其他葉菜類的料理回溫後都會破壞口感，因此如果是打算要冷凍的燉菜、咖哩料理，盡量使用根莖類才好。

除了上述幾種，牛肉湯也是很適合分裝冷凍的料理，解凍後下個麵就可以解決一餐，我會把肉跟湯分開冷凍，解凍時先把結凍的湯放入鍋中加熱，肉則等待常溫解凍，等到湯滾了以後再把肉放進去，讓肉復溫即可。這是因為煮好的肉在經過冷凍後肉質會變軟，如果跟湯一起滾煮加熱，很容易讓肉質過於軟爛，口感就差了，而且湯頭的鹹味也會大量的跑進肉裡，吃起來會比現煮的鹹很多。

平時多炒一些肉燥，想吃麵配飯隨時拿出來微波。

熬煮高湯後分裝冷凍，也可以節省做菜時間。

縮短時間的料理邏輯

對我來說，除了要花長時間燉滷的菜，其他料理在我的邏輯裡都可以用快手概念來做，而所謂的「快手概念」，並不是真的忽略掉某些步驟只求速成，而是在搞懂食材與佐料經過烹調出味道的過程後，重新排列組合工序，以達到快速的目的。

舉一個最簡單的概念：當食材的體積越大，煮熟所花的時間就越多；把食材切得越小或越細碎，加熱所需的時間就越短。好比說要做蘑菇湯，傳統的做法是洋蔥炒軟、蘑菇加下去炒，再一起煨湯，但我的做法則是把**炒過的蘑菇先取三分之一出來，用食物調理機打成糊之後再倒回到湯中**，如此只需加熱一小段時間，蘑菇的香味就會釋放到湯裡，味道一樣濃郁，但煨煮時間卻縮短很多。

中菜廚師常用的過油，其實也是縮短時間的方法。我在節目裡常常示範在家可用過水取代過油，原理都是一樣的，不管是汆燙還是過油，讓食材在同一時間裡到達平均溫度，放回鍋中再炒熟的速度就會快上許多。雖然過熱水後的肉類味道會被稀釋，但放回炒鍋中再經過足夠的加熱，把湯汁收乾一點，當蛋白質遇到高溫，味道就會再次釋放。

每一道菜的快手原則各有不同，食譜裡的步驟沒有一定的對錯，多練習多思考，你也可以建立起屬於你的快手菜邏輯，但請記得，想當廚房裡的時間管理大師，要整體性的提高做菜效率，並不是光看一道菜，而是要去考慮做一整頓飯所花的時間。如果你只會一道菜做完才能接著一道菜做，就算每道菜都快手，一整桌三菜一湯煮好一樣得花上很長時間。所以，務必記得善用「**拆解再重組**」的做菜邏輯來提高效率。

聽起來有點複雜？教你幾個簡單的心法，只要改變原本理所當然的習慣，將做菜的順序、步驟稍微盤整一下，你就會覺得「哇，怎麼會這麼快」！

1. 耗時長的料理先做

一般家常菜，最花時間的就是燉湯了，或者燉菜、烤箱菜也要花點時間，所以要先從這些料理開始，表面上看起來可能要花 40 分鐘，但一開火或丟入烤箱後就沒你的事了，剩下的時間就可以做其他的料理工序。

2. 所有菜一次備料

一般人做菜的習慣都是準備一道做一道，但在商業廚房裡，一定是一次性的備好料，出菜前再進行組裝才會順暢，為什麼餐館的菜明明工序繁複，但出菜卻比家常菜來得快？備料就是關鍵！如果要做三菜一湯，你就要把三道菜所需的材料一起備好，開煮以後才能一道接一道流暢的進行，出菜時也才能所有菜都熱騰騰上桌。

3. 當自己的抓碼手，醬料先調好

比較有規模的中菜館廚房都會配置一名「抓碼手」，廚師炒菜時他要負責把備料、調味料按照一定份量往鍋裡面倒，這樣廚師不用分神在食材調料的份量調整，可以大幅度加快出菜的速度。我們在備料時也先把醬料調好，食材下鍋時就不會東翻西找、手忙腳亂。家常菜中常見的醬汁，例如宮保雞丁的宮保醬、有些媽媽喜歡用兩種醬油增加風味、豆瓣醬和味噌等發酵物跟醬油調成複式醬料，或我們食譜中提到的照燒醬汁等等，都適合先調好備用。前期的準備工作做好，接下來老規矩，讓我們抄起鍋鏟進廚房做菜囉！

複式醬料一定要開爐火前先備好，才不會手忙腳亂。

第 1 章

「家私」越少煮越快的

一鍋煮

一般人開始對做菜產生興趣，最常見的就是開始買廚具，看著影片裡主廚帥氣的刀工，就想買把好刀；看到百貨公司裡五顏六色的鑄鐵鍋，女性同胞們就開始幻想廚房變身成漂亮的展示間；更別說廚具商吹捧的各式多功能小物，不沾手的切菜神器、多功能砧板、高貴有型的食物處理機……五花八門族繁不及備載。當然，如果買了這些工具可以增加做菜的樂趣，何樂而不為？但工具多做菜真的會變快嗎？其實也未必。

所有工具的目的，不外乎是透過不同的方式來切割或加熱食材，簡單來說，一道料理的組成，要思考的是食材的處理與烹調的方式，而非倒過來用工具來決定料理。台灣一般家庭的廚房都不大，收納空間有限，單一功能的工具買個幾件就很佔地方，其實，我認為只需要刀子、平底鍋和深炒鍋各一、大小湯鍋各一，大多數料理光用這些基本工具就能順暢的做出來。

我做菜不挑名貴的刀具，什麼刀都用，但前提是刀一定要夠利，不僅是速度的問題，刀一鈍很危險容易傷到手。使用一段時間後要用磨刀石把刀養護過一次，增加刀子的壽命，如果沒時間或磨刀技術不好，可以送到刀具店讓師傅幫忙磨。

此外最好養成一個習慣，每次使用前用磨刀棒磨幾下，可讓刀子長時間保持鋒利。使用磨刀棒時記得手指一定要放到握柄的擋板下方，刀鋒跟磨刀棒要保持一定的角度兩面拉開滑過。萬一沒有磨刀棒，找一個有圈足的瓷盤或瓷碗，用底部那一圈粗糙面來磨，也能急就章的應付一下。

　　鍋具不需多，因為家用廚房的瓦斯爐一般只有兩口，最多三口爐，通常燉煮菜就用掉一口，實際上頻繁操作的只有一口爐，我家也是，很多菜我都是用一個爐子完成的。所以炒鍋真的不用多，好用的備兩個就好；湯鍋也是一樣的道理，一個大的用來燉湯或做多人份的燉滷菜，一個小的煮簡單的蛋花湯或泡麵時可用，小家庭這樣就很夠用了。

　　很多人以為動作要快做菜才會快，其實不然，應該是觀念要快，像是我們習慣每炒完一道菜就要洗鍋，或是換一個鍋子做另一道菜，其實一鍋燒的料理方便簡單，只要在做菜前針對順序思考調整，就可以一鍋用到底，不用道道洗鍋，味道還更好。

　　以西餐或法式料理的邏輯來看，西廚在煎食物時，食材裡的味道都融入鍋子裡面，這時若再換一個鍋子或洗過鍋子，無法利用鍋底的香氣和醬汁，就可惜了。好比說今天煎牛排或是豬排後，鍋中如果留有過多的油脂，覺得不健康，可以倒掉，但鍋底所黏附的物質，也就是「梅納反應」的褐色物質（但也不能完全燒焦，會苦），有了它，不用花太多時間去熬湯，只要再加水進去煮化了，就是現成的高湯。

　　又例如，如果要做蝦仁炒蛋和炒青菜兩道菜，很多人也許會先炒青菜，**但我一定先做蝦仁炒蛋**，如果細節做得好，炒完後鍋子是乾淨的，而且會留下蛋白質（蛋與蝦）加熱後的香氣，**用同一鍋直接炒青菜反而增加風味，可取代味精或雞粉等調味料**，一舉兩得。

沙茶牛肉

2 人份

　　沙茶牛肉是一道很台灣味的經典熱炒，配飯好、下酒更棒，除非你不吃牛肉，否則去海產店或熱炒店大概都點過。對我而言，沙茶牛肉也是一道充滿回憶滋味的料理。學生時期有一位大我 4 歲、一起打網球的學長，他很照顧我，曾送我一把和知名選手藍道（Ivan Lendl）同款式的球拍，當時台灣根本沒有販售。我們常約了一起打球、一起上熱炒店大快朵頤，而每一次都會點一盤沙茶牛肉。後來學長因故不幸早逝，我做起這道菜時，難免都會想起那段青春回憶。

　　空心菜是沙茶牛肉的完美搭檔，也是台灣很具代表性的蔬菜，好種、便宜，又分成土耕和水耕的種植方式（也有溫泉空心菜，用溫泉水種的），土耕空心菜的莖比較粗硬，水耕的就細膩一些；而溫泉空心菜的莖雖然粗，但咬起來非常嫩脆，在溫泉鄉宜蘭礁溪路邊的菜攤很容易看到。因為一般家庭使用的瓦斯爐火力不及快炒店猛烈，做法上要特別注意，空心菜的莖、中段、葉子要分次入鍋，好讓蔬菜全熟後還能維持最清脆口感。牛肉則可以先用沙茶醃過，比較入味也能少吃點油。

食材

火鍋牛肉片	1 盒	紅辣椒	1 條	醬油	3 大匙
空心菜	1 把	沙茶醬	2 大匙	沙拉油	適量
蒜末	3 大匙	米酒	2 大匙	糖	少許

Tips >>>

牛肉入鍋前抓醃，肉片吃進的味道也會比較多。

牛肉先過油炒半熟，肉才不會太老。

空心菜先下比較粗的莖，葉子後下，炒起來才不會太老。

先用米酒調開沙茶醬，再倒入拌炒。

做法

1. 空心菜莖較粗的部分切除，切成均勻小段，並將莖、中段、葉子分開放。

2. 紅辣椒切小段備用。

3. 牛肉片略切過放入碗中，加入 1 大匙米酒、2 大匙醬油、糖少許、1 大匙沙茶醬、蒜末少許抓醃。

4. 熱鍋後加入少許沙拉油，放入蒜末煸香。

5. 放入牛肉片翻炒至半熟，盛出備用。

6. 原鍋不需清洗，再倒入適量沙拉油，放入空心菜的莖，加入紅辣椒炒香。

7. 把牛肉片倒回鍋中，再加入空心菜的中段下去炒。

8. 加入適量米酒、1 大匙沙茶醬翻炒。

9. 當空心菜莖都炒熟時，再把空心菜葉放進來。

10. 撒入 1 大匙米酒和半碗水炒勻。

11. 最後沿著鍋邊淋上 1 大匙醬油後拌炒均勻，完成。

南洋風咖哩牛排

2 人份

　　咖哩有很多種，日式、泰式、台式甚至是英式的都有，不同的做法會影響這道料理的最終樣貌。其實咖哩要做得特別好吃，可不是放個現成的咖哩塊就好，一般市售的咖哩塊已調配有豆蔻粉、肉桂粉、薑黃粉等香料，我們在家做咖哩有時也可以試試和薑泥或蒜泥一起煨

煮，做出來的咖哩原汁會更有層次，最後再放奶油和麵粉增加稠度。這次示範的是簡易快手版，重點是將蔬食材料和咖哩先炒過，調味後再加點魚露，可以拉出鮮度，也讓咖哩醬汁入口時不會有種粉粉的口感。

--- 食材 ---

霜降牛排	203 克	蠔油	2 大匙
沙拉油	適量	咖哩粉	2 大匙
青椒	1 顆	魚露	1 大匙
洋蔥	1/4 顆	鹽巴	少許
蔥	2 株	白胡椒粉	少許

--- 做法 ---

① 青椒、洋蔥切絲，蔥斜切段備用。

② 牛排撒上鹽醃入味。

③ 熱鍋後加入適量沙拉油，放牛排，煎至兩面上色即可，取出靜置片刻後，切條放入盤子中。

④ 原鍋不需清洗，放入蔥、洋蔥翻炒爆香。

⑤ 加入咖哩粉、蠔油、青椒絲炒開。

⑥ 倒入 200cc 的水煨煮，撒入白胡椒粉、魚露翻炒。

⑦ 放入牛肉條拌炒至散發香氣，即可盛盤。

Tips >>>

以西餐的技法做出中餐的賣相，如果你有塊好牛排卻不想只是乾煎，不妨試試這種做法。

牛排要先煎過才切條，而且煎至三分熟就先靜置等待熟成備用。

豆豉蒜苗炒五花肉

2 人份

如果你覺得炒菜時香氣不足，加了醬油還是覺得不夠，這個時候是該加豆豉了。

小時候，父親常帶我去吃好吃的；長大後，反倒是我工作太忙，一起吃飯機會也少了。我記得很清楚，以前去日本唸書時有一次回台灣過節，爸爸到機場接我，一見到我就問：「要不要去吃那間館子？」我也說好久沒吃了。我們一到館子，坐下來聊了有半個鐘頭吧，我爸才突然想到我們忘了點菜，而一旁的服務生也很可愛，見我們聊得太開心就沒來打擾，事後就在一旁笑我們父子感情真好。

其實有段時間我是滿不愛跟爸爸上館子的，我比較喜歡吃路邊攤和西餐；而上館子吃飯要人多才熱鬧，通常就會找來爸爸的朋友、親戚，挺麻煩的。不過只要和父親上館子，我們一定會點這道菜，這是一入口會令人滿足的家常味道。

食材

豬五花肉薄片	150 克	豆干	4 片	蠔油	2 大匙	香油	適量
乾豆豉	半小碗	乾鈕扣菇	6 朵	醬油	1 大匙	鹽巴	適量
蒜苗	2 株	香菜	1 株	米酒	2 大匙	沙拉油	適量
紅辣椒	1 條	蒜頭	3 瓣	白胡椒粉	適量		

做法

1. 五花肉片對切，豆干斜切片，蒜苗斜切小段，辣椒斜切成片，蒜頭切片，香菜切末，鈕扣菇泡水去蒂頭備用。

2. 把油燒熱，再直接沖入裝豆豉的碗。

3. 原鍋不需清洗，熱鍋後把五花肉片放進來，煸出油脂後，再放入香菇炒香。

4. 放豆干，先別急著翻炒，用鍋中的油脂把豆干煎出香氣。

5. 放入辣椒片、蒜片、步驟 2 的豆豉油，繼續翻炒。

6. 倒蠔油炒香，加入白胡椒粉、醬油和鹽調味，再倒入一點香菇水燜煮。

7. 煮到散發香氣後，放入蒜苗翻炒，淋上些許米酒、香油、香菜快炒幾下，即可盛盤。

Tips >>>

五花肉油花多，乾鍋燒熱就能煸出油脂來炒豆干。

豆干以斜刀片薄，成菜的份量看起來會多些。

當香菇、豆干都炒香後，再把豆豉油及豆豉倒進來，讓食材吃飽豆豉的香氣。

不要太早加水，要炒出梅納反應後再倒入香菇水煨煮，才能讓每片豆干都吃進鍋香。

辣香豆干肉絲

4 人份

　　我以魚香肉絲和客家小炒的概念設計這菜，考量到大家得快速出菜，食材上就選些家裡常備或容易採買的豆干、肉絲和黑木耳。在切豆干時盡量切得細一些、粗細一致；我希望吃的時候豆干的口感能軟嫩些，所以先用加了醬油的滾水煮過，這樣豆干絲入鍋後不用煨煮就自帶色澤，也比較入味。

——— 食材 ———

豆干	6 片	醬油	120cc
新鮮黑木耳	1 大片	薑末	1 大匙
乾香菇	8 朵	蒜末	1 大匙
豬肉絲	150 克	辣椒油	適量
香菜	3 株	米酒	適量
豆瓣醬	2 大匙	白胡椒粉	適量
沙拉油	適量	水	30cc

Tips >>>

豆干絲先用加了醬油的水煮過，更入味，也能吃進醬色，成菜更加好看。

——— 做法 ———

①　豆干切絲、黑木耳切絲、乾香菇泡水軟化後切絲，香菜莖切段。

②　備一只深鍋，加冷水和 100cc 的醬油，再把豆干絲放進來煮；水滾後再煮 30 秒，用濾網撈出豆干絲備用。

③　炒鍋熱鍋後放油，油可以放得寬一點，薑末、蒜末、香菇、木耳絲、豬肉絲放進來炒到半熟。

④　加入豆瓣醬、醬油和適量米酒、白胡椒粉調味，拌炒均勻。

⑤　加入 30cc 的水煨煮，在收汁到差不多時，把豆干絲放進來拌炒均勻。

⑥　放入香菜翻炒，淋入適量辣椒油，起鍋。

麻油松阪豬

4人份

　　我第一次吃到松阪豬，其實是在十幾年前囉！我朋友是養豬的，有天打電話問我要不要吃吃看，我問他松阪豬是什麼？他只說肉質很彈、很好吃。過兩天我收到一大箱，打開一看，覺得這豬肉的油花分布也太漂亮！而且怎麼做都好吃，肉質很彈又不帶腥味，口感太特別了。所以難得買塊松阪豬可別浪費，用快速汆燙和簡單的調味，就能吃出肉質的鮮甜。

食材

枸杞	1 大匙	黑麻油	5 大匙
米酒	半碗	鹽巴	1 小匙
松阪豬肉	380 克	熱水	100cc
薑片	20 片		

做法

① 用米酒浸泡枸杞備用。

② 松阪豬逆紋切成條狀備用。

③ 煮一鍋熱水，把松阪豬放進來，汆燙約 30 秒，用濾網撈出後備用。

④ 炒鍋熱鍋後不放油，把薑片放進來乾煸到散發香氣。

⑤ 加入 4 大匙黑麻油翻炒一下，再倒入浸泡枸杞的米酒，燒掉鍋中的酒味。

⑥ 再倒入松阪豬肉條和熱水，以適量的鹽調味。

⑦ 約莫煮個 1 分鐘就好，盛到碗中。

⑧ 撒上泡過米酒的枸杞，淋上 1 大匙的黑麻油，完成。

Tips >>>

松阪豬的切法是這道料理成功與否的關鍵。可以將肉稍微冷凍或汆燙，會較好切成薄片。

薑片要煸乾才放黑麻油，薑的味道才能提煉出來。

松阪豬肉下鍋後，得快速用筷子撥散，加快熟的速度。

酸辣湯

1 人份

七〇年代的台北中華路上，有一排連棟的建築物叫「中華商場」，當時有間「點心世界」專賣餃子麵食。他們家的酸辣湯滿特殊的，會加入些許冬粉增加口感。我的示範是少油的簡化版，以炒料的概念做湯底，先用五花肉絲煸出豬油來炒紅蘿蔔，鍋裡會釋出帶點黃色的物質，這就是胡蘿蔔素，能使湯頭增加甜味且色澤好看。至於香氣，取決於食材是否炒透，但最關鍵的是沿著鍋邊倒入醬油，反倒是醋和調味料，都是在盛盤後依個人口味再添加即可。這是我很喜歡的一道湯品，跟大家分享。

食材

豬五花肉	30 克	醬油	3 大匙
紅蘿蔔	3 片	白醋	1 大匙
新鮮黑木耳	1 大片	白胡椒粉	適量
嫩豆腐	半塊	香油	適量
冬粉	半球	香菜	1 株
沙拉筍	1 個	蓮藕粉	1 大匙
雞蛋	1 顆	熱水	1 大碗
蔥	1 株		

Tips >>>

醬油從鍋邊淋入，增加湯頭的醬香味。

做法

① 將五花肉、紅蘿蔔、黑木耳、沙拉筍切絲，蔥、香菜切末，冬粉切小段備用。

② 炒鍋熱鍋後不放油，將五花肉絲放進來，乾鍋煸出油脂。

③ 把紅蘿蔔絲放進來，拌炒到紅蘿蔔呈微黃色後，加入筍絲、黑木耳絲炒香。

④ 醬油從熱鍋邊淋入，快速拌炒後，加入熱水，放入冬粉。

⑤ 煮滾時轉小火，將蓮藕粉兌水調芡汁，以每次 1 湯匙分次放入湯中繞圈，調整湯頭的濃稠程度。千萬不要一次全下。

⑥ 豆腐切絲入鍋，用湯匙背面輕輕將豆腐絲撥開攪拌。

⑦ 淋上蛋液，加入白胡椒粉、白醋、香菜、蔥、香油，完成。

沙茶豬肝湯

1 人份

天冷或是覺得疲勞時,喝個豬肝湯是非常好的,因為裡面含有鐵質對身體很好,尤其是女性朋友,是個不錯的補血食材。做法不難,重點是要抓準時間,只要注意幾個細節:片豬肝時注意厚度,將豬肝先煎過,下鍋煎時油量不需多,煎到表面出血水就翻面並沖入熱水,隨即馬上熄火。調味要另外用碗預先調好,也可避免豬肝煮太老。

食材

豬肝	1 塊	鹽巴	適量
韭菜	3 株	白胡椒粉	少許
沙茶醬	1 大匙	嫩薑	適量
水	1 碗	沙拉油	適量
米酒	1 大匙	香油	適量
糖	少許		

做法

1. 將水煮開後,撒點鹽備用。

2. 豬肝切片約 1 公分,以廚房紙巾吸掉表面水分。

3. 韭菜切段、嫩薑切絲備用。

4. 另外以中火加熱炒鍋後,加入沙拉油和香油,不用多,足以潤鍋的量即可。

5. 把豬肝放進來煎,看到表面冒血水後翻面。

6. 將煮開的熱水沖入炒鍋,放入韭菜煮約 40 秒到 1 分鐘,熄火。

7. 備一個湯碗,把沙茶醬、米酒、糖、白胡椒粉放進來備用。

8. 將豬肝湯倒入湯碗中,撒上薑絲,完成。

Tips >>>

豬肝厚切 1 公分,煮起來比較不容易過老。

當豬肝表面出現血水時就能翻面。

白菜豬五花鍋

4 人份

　　利用白菜的清甜和五花肉的肉汁來製作的火鍋。肉品建議選擇耐煮的種類，牛肉就不太建議了。這道菜也能兩吃，當白菜和五花肉吃完後，就是現成的火鍋湯底了，看要涮什麼都很合適哦！

食材 ---

紹菜（或長條型白菜）	1 顆
柴魚片	18 克
豬五花肉薄片	30 片
白蘿蔔泥	5 大匙
蔥	2 株
檸檬汁	半顆
紅辣椒	1 條
醬油	2 大匙
味醂	1 大匙

Tips >>>

用一層大白菜葉、一層肉片製作三份白菜豬肉，再切成小段。

把切成小段的白菜豬肉片沿著鍋緣擺整齊，倒入柴魚高湯煮滾就可以開動了。

煮柴魚高湯時，一定要等到柴魚片沉澱後再過濾。

做法 ---

① 將白菜一片一片取下，洗淨備用。

② 白蘿蔔磨成泥，濾水後備用。 蔥、紅辣椒切末備用。

③ 在一片大白菜葉上鋪上肉片，再鋪上大白菜葉後再放肉片疊成三層。製作三份白菜豬肉。

④ 將做好的白菜豬肉切成 3 到 4 公分的小段，沿著鍋邊排整齊。

⑤ 製作柴魚高湯：在 1500cc 滾水倒入柴魚片，水回滾後熄火，當柴魚片下沉後，再用濾網濾出高湯備用。

⑥ 製作火鍋沾醬：5 大匙蘿蔔泥、醬油、味醂、辣椒末、半顆檸檬汁攪拌均勻，撒上蔥花備用。

⑦ 將柴魚高湯倒入白菜豬肉鍋中，撒上些許蔥花，開火煮熟，撒鹽調味，完成。

泰式椒麻雞

4 人份

只要吃泰國菜，幾乎每個人都點過這道菜。我的做法稍微調整過，雞腿肉不用炸，改成乾煎的，吃起來比較不油膩且口感一樣酥脆。煎雞腿排時有個秘訣：一定要熱鍋，先把雞腿肉上的水分擦拭乾淨，雞皮面朝下貼著鍋子煎，才能逼出最多油脂來做半煎炸。不敢吃香菜的

人可以換成蔥，蔥不敢吃也可以換成九層塔。魚露能使醬汁帶有南洋風味，烏醋和檸檬能為酸度增加層次變化。通常我會把冰鎮過的高麗菜絲和小黃瓜絲，放進醬汁裡浸泡一下再擺盤，好讓蔬菜裡的甜味釋放到醬汁裡。

── 食材 ──

去骨雞腿肉	2 隻	高麗菜	6 片
香菜	4 株	小黃瓜	1 條
花生粒	2 大匙	花椒粉	少許
蒜末	3 大匙	白胡椒粉	少許
紅辣椒	1 條		

── 醬汁 ──

醬油	6 大匙	檸檬汁	1 顆
烏醋	2 大匙	魚露	少許
糖	2 平大匙	鹽巴	少許
水	適量		

── 做法 ──

① 高麗菜、小黃瓜切絲，放入冰水裡冰鎮備用。

② 鍋子燒熱後不需放油，將雞腿肉以雞皮面朝下入鍋乾煎。

③ 撒鹽，轉小火煸出雞油，以逼出的油將雞腿肉兩面煎炸到酥脆全熟。

④ 去皮花生粒放入袋中敲碎備用。

⑤ 將香菜、紅辣椒切末，和蒜末拌勻備用。

⑥ 先調醬汁，並將其中的糖攪拌至溶化備用。

⑦ 將高麗菜絲、小黃瓜絲濾乾，放入醬汁中稍微抓醃，讓蔬菜的甜度釋放進醬汁裡。

⑧ 浸過醬汁的高麗菜絲、小黃瓜鋪在盤子上，撒上花椒粉、白胡椒粉。

⑨ 將煎熟的雞腿切成條狀，放在蔬菜絲上。在雞腿肉上撒點花椒粉、鹽。淋上醬汁，鋪上拌好的蒜末、辣椒、香菜末和碎花生，完成。

Tips >>>

雞腿肉及雞皮裡有豐富的雞油，花點耐心乾鍋煎
出油後，就能以油煎做出接近油炸的酥脆口感。

想讓蔬菜吃起來更爽脆，可以先過一道冰水。

脆皮蔥油雞

2 人份

　　雞肉的料理方式很多,我個人喜歡吃酥脆口感的雞皮,所以設計出這道變奏版的蔥油雞料理。做法很簡單,跟「泰式椒麻雞」前面的做法一樣,鍋子燒熱後不放油,把雞皮朝下轉至中小火慢煎,過程中要有一點耐心,不用擔心會沾鍋或焦掉,因為雞皮油脂會被煸出來。等兩面煎至金黃後,再取出雞腿肉,會看見鍋裡有些油脂以及梅納反應留下來的棕褐色物質,這可是滿滿的精華啊!重新開小火,將蔥末、蒜末放進來,加點水煨煮,就成了很棒的沾醬。是不是很簡單?幾根蔥和一點耐心,一道菜就搞定。

食材

去骨雞腿	2 隻	白胡椒粉	少許
蔥	5-6 株	香油	少許
白芝麻	1 大匙	鹽巴	少許
蒜頭	1 顆	糖	些許
水	少許		

Tips >>>

煎好雞腿的鍋裡有滿滿的油脂與香氣,再用這些來炒蔥蒜,味道就很足夠了。

做法

① 用廚餘房紙巾將雞腿表面水分擦乾,避免油爆和去除腥味。

② 鍋子燒熱不放油,將雞腿肉的雞皮朝下入鍋乾煎。

③ 蔥、蒜切末備用。

④ 雞皮煎至上色後翻面,撒上適量的鹽調味。

⑤ 等雞皮煎出脆度、雞肉熟透後,取出雞腿切成條狀放入盤中。

⑥ 轉小火,利用鍋內雞油炒蔥、蒜末,加入少許水煨煮。

⑦ 加入鹽、白胡椒粉、香油、白芝麻、糖調味。

⑧ 將煮好的蔥油醬汁淋在雞腿上,完成。

日式照燒雞

2 人份

　　常看《姆士流》影片的人，對我的照燒醬料理應該不陌生，醬油、味醂和清酒的比例是 3：2：1。把照燒醬直接倒進煎雞腿的鍋子，並利用燜煮蒸熟綠花椰菜，不用一滴油，也不用翻鍋拌炒，簡單到只要會開瓦斯爐就能完成這道料理。

食材

去骨雞腿	2 隻
綠花椰菜	5-6 小朵
水	200cc

照燒醬汁

薑泥	半大匙
醬油	4.5 大匙
味醂	3 大匙
清酒	1.5 大匙

做法

1. 熱鍋後不需放油，將雞腿的雞皮面朝下乾煎。

2. 煎雞腿肉的同時，將照燒醬汁調好，當雞腿兩面煎上色後，將醬汁倒入鍋中。

3. 加入冷水，蓋上鍋蓋轉小火燜煮。

4. 綠花椰菜洗淨切成小朵，將綠花椰菜鋪放在雞腿肉上，這樣才不容易被醬汁染色，影響到翠綠的色澤。

5. 蓋上鍋蓋，約莫 3 分鐘後，先取出綠花椰菜擺盤。

6. 打開鍋蓋繼續燜煮雞腿肉，直到完整上色。

7. 取出雞肉對切擺盤，再淋上照燒醬汁，完成。

Tips >>>

蓋上鍋蓋，鍋裡呈現燜燒狀態，而醬汁裡的水分蒸發後也成了蒸氣，綠花椰菜就能蒸熟。

嫩煎雞胸肉

1 人份

老實講，我原本不愛吃雞胸肉，因為老覺得肉質柴柴的，口感很不好，直到有一回到匈牙利出外景，吃到當地的嫩煎雞胸肉，真是嚇壞我了！肉質鮮嫩，口感不輸雞腿肉啊！

做法也很簡單，只需要多點耐心。我會先將整塊雞胸肉稍微醃過，裹勻麵粉再沾滿蛋液，如此能保護好肉質裡的水分，即使油煎過也會充滿肉汁。接下來，「油溫」很重要，利用小火低溫油煎，讓熱傳導到雞胸肉核心的速度可更平均，你想，雞胸肉這麼厚，若是油溫太高，熱能還沒導到肉裡，外皮就焦了。雞肉入鍋後，傾斜鍋子，以湯匙舀些熱油淋在雞胸肉表面，讓表層的蛋液凝固，翻面時才不會糊掉。

食材

雞胸肉	1 塊	白胡椒粉	適量
雞蛋	1 顆	黑胡椒粉	適量
牛番茄	1 顆	中筋麵粉	適量
咖哩粉	適量	鹽巴	適量
沙拉油	半杯		

做法

1. 牛番茄切片擺盤。

2. 雞蛋打散備用。中筋麵粉另外倒在盤子上備用。

3. 將雞胸肉的筋劃開，撒上適量鹽、咖哩粉、白胡椒粉稍做按摩醃製，再均勻沾上中筋麵粉。

4. 以小火熱鍋後，先加入沙拉油。

5. 將沾過麵粉的雞胸肉兩面沾滿蛋液，放入鍋中油煎。

6. 油溫不要過高，用湯匙持續將鍋中熱油淋至雞肉表面，讓蛋液凝固。

7. 雞胸肉翻面，蓋上鍋蓋，慢煎至雞胸肉全熟。

8. 起鍋前，轉大火將油逼出。

9. 雞胸肉切片盛盤，撒上少許黑胡椒、咖哩粉，就可和牛番茄一起擺盤上桌。

Tips >>>

把雞胸肉上的筋劃開，可以將肉攤平，讓熟度一致。

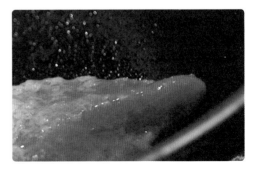

把鍋子傾斜，用湯匙撈油淋上，使雞胸肉表面的蛋液凝固。

中式炒雞胸料理的基本做法

2 人份

　　無論中式或西式做法,要讓雞胸肉軟嫩不柴都有其訣竅,中菜的炒雞胸肉常搭配不同蔬菜,一個要點是把蔬菜炒好備用,另一個重點是雞胸肉可先用熱油泡成五分熟,所有材料再組合快炒兩下,端上桌的熱度就會剛剛好。

　　拿到雞胸肉的第一件事,先觀察紋路的走向;通常會有兩道不同的紋路,先從分歧處切開,再從逆紋處下刀,盡量斜切成尺寸一致、厚薄度相同的肉片。刀工會決定肉質口感,切對了,肉過油後會比較嫩,受熱會更均勻。油泡雞胸肉的溫度切忌太高,肉一變色、有彈性了就差不多要撈起才不會過熱。另外經過醃製,肉已經有味道,最後的調味要特別注意。

食材

雞胸肉	半付	白胡椒粉	適量
蛋白	1顆	糖	適量
米酒	適量	玉米粉	適量
鹽巴	適量	沙拉油	(醃肉用,少許)

Tips >>>

雞胸肉煮熟後呈現白色,醃肉時取用蛋清就好。抓醃的原則是盡量讓水分吃進肉裡,煮完後會嫩而不柴,下鍋前還可以沾上少許玉米粉保護肉質。

做法

1. 雞胸肉先對切,再逆紋斜切成大小一致的片狀。

2. 雞蛋的蛋白大約取 1/5 到 1/6,加入米酒、鹽、白胡椒粉和糖,一起抓醃雞肉。

3. 一邊抓,一邊會發現米酒被吃進肉裡,那就表示做對了。

4. 將醃過的雞胸肉沾上玉米粉,再倒入少許沙拉油,讓每塊肉都沾到油。

5. 熱鍋下油,油的量放寬一點,可用竹筷插入鍋觀察,等筷子邊緣一冒泡就先熄火再放入雞胸肉,將肉片撥散,避免黏在一起。

6. 開大火,繼續將肉撥開,直到雞肉反白、肉有點彈彈的,就差不多是五分熟的狀態。

7. 撈出雞胸肉、濾油,把肉片撥散,避免繼續導熱,即可與其他材料搭配。

醬醃黃金蜆

2 人份

　　這道菜放在早餐當小點也好、夏天吃更好，非常開胃。閩南話叫「醃蜆」，就是餐廳小菜常看到的「醃黃金蜆」。大家在做這道菜時，都會習慣性的汆燙 10 秒殺菌，其實不用這麼麻煩，只要確定買到的蜆是新鮮的，用

清水洗一次後，平鋪放在冷凍庫一整晚，要料理前再拿出來退冰、倒入醬汁就好。在 4°C 的環境下水分子會漲大，細菌因而被殺死，就能達到殺菌效果。

食材

冷凍黃金蜆 ⋯⋯⋯⋯ 1 包
醬油 ⋯⋯⋯⋯⋯ 3 杯
味醂 ⋯⋯⋯⋯⋯ 2 杯
清酒（或米酒） ⋯⋯⋯ 1 杯
蒜頭 ⋯⋯⋯⋯ 7-8 顆
紅辣椒 ⋯⋯⋯⋯ 3 條
老薑 ⋯⋯⋯⋯⋯ 1 段

做法

1. 黃金蜆洗乾淨後瀝乾，放在冷凍庫，要料理時再取出退冰。
2. 老薑切片，紅辣椒切段，蒜頭帶皮拍碎，放入保鮮盒。
3. 將醬油、味醂、清酒倒入保鮮盒中。
4. 將冷凍黃金蜆放入醬汁中。
5. 放入冰箱冷藏 1 個小時，完成。

Tips >>>

解凍後的黃金蜆，殼會打開一點縫吸飽醬汁，放個 1 小時自然會入味。

快手檸檬鱸魚

2 人份

　　可以換成任何你喜歡的魚，烹煮步驟有點接近水煮加沾醬。先將魚肉片下來後，在魚皮上劃數刀以加速導熱，放進鍋中汆燙的同時來調醬汁；當魚肉燙熟後撈出瀝乾，擺盤後再淋醬汁，不用 5 分鐘就能端出一道魚料理，烹煮過程比蒸整條魚省下三倍的時間，大家不妨嘗試看看。

—— 食材 ——	
鱸魚	1 尾
清酒	適量
鹽巴	適量

—— 醬汁 ——	
醬油	3 大匙
糖	半大匙
檸檬汁	半顆
水	50cc

—— 做法 ——

① 將鱸魚表面水分吸乾。

② 在魚頭處下刀直達魚骨但不切斷，再從魚尾下刀，碰到魚骨後轉橫刀，沿著魚骨把魚片取下。

③ 將兩片魚肉的皮上劃上數條淺刀，方便等會兒汆燙時加速導熱。再將魚片切成三等份，放入中碗，倒入清酒和鹽，把魚肉抓醃去腥。

④ 燒一鍋熱水，將魚片平鋪漏勺上，再平穩的放進滾水中，以小火煮 3 分鐘，過程中可持續用湯匙舀起熱水淋在魚肉上。

⑤ 起鍋後擺盤，淋上調好的醬汁，上桌。

Tips >>>

先在靠近魚頭的魚身處切下直到魚骨，但不要切斷。

再在靠近魚尾處下劃上一刀後，以橫刀沿著魚骨劃開魚肉片。另一隻手壓著魚身，以穩定魚在砧板上不動，比較安全。

當刀切到魚頭處時，就能將魚肉片下來了。

為了加速導熱，先在魚皮上劃上數條淺刀。

魚肉軟嫩,平鋪在漏勺上再汆燙,比較不會破裂。

最後再淋上醬汁就能上桌了。

蛤蜊蒸肉餅

4 人份

　　這是道很棒的便當菜，更棒的是做法真的是很簡單。比較常見的做法是利用醃漬物，如醬瓜、梅干菜的鹹鮮去化解絞肉的油膩感，並結合出鮮美的肉汁，但只有這種做法嗎？有沒有可能讓豬肉與海鮮結合？我想起用蛤蜊裡的海味取代梅干菜，保留鹹鮮的風味；但海鮮的味道不及醬瓜來得強烈，且豬肉沒炒過易有腥味，所以借用薑蒜去腥。新鮮香菇也可以換成乾香菇，黑木耳也能換成你喜歡的蔬菜，但盡量挑選加熱後不太出水的種類，例如玉米筍。山珍＋海味的結合絕對不會讓你失望。

食材

蛤蜊	8 顆	雞蛋	1 顆	蠔油	2 大匙	米酒	適量
豬絞肉	350 克	蒜末	半大匙	糖	1 茶匙	白胡椒粉	適量
新鮮香菇	5 朵	薑末	半大匙	醬油	1 大匙		
新鮮黑木耳	半片	蔥	5 株	水	50cc		

做法

① 香菇切末、黑木耳切絲、蔥切末備用。

② 將香菇末、豬絞肉、薑末、蒜末、蔥末、雞蛋、醬油、蠔油、糖、黑木耳、水放進碗裡攪拌均勻。

③ 再把適量米酒、白胡椒粉放進來調味、拌勻。

④ 把生蛤蜊洗乾淨後，平鋪在絞肉上。

⑤ 把絞肉放進蒸鍋中，先蒸 5 分鐘使蛤蜊開口，讓蛤蜊裡的湯汁留在絞肉裡，取出蛤蜊備用。

⑥ 再繼續蒸煮絞肉約 16 分鐘，起鍋前用筷子插進絞肉，以測試中心有沒有熟透。

⑦ 取出蒸肉餅後，將蛤蜊鋪回即可上桌。

蛤蜊鍋

2 人份

這道菜啊，是我在看世界盃足球賽的時候做的，非常好吃，料理起來也很快速。搭紅酒也非常棒，搭啤酒也可以。不過有個小插曲：我做這道菜的那一天，看到梅西跟 C 羅在同一天輸球退場了⋯⋯。

Tips >>>

一定要將洋蔥、番茄炒香後再下蛤蜊。

食材

蛤蜊	30 顆
牛番茄	1 顆
洋蔥	半顆
番茄醬	2 大匙
九層塔	適量
起司粉	3 大匙
蒜末	適量
紅辣椒	1 條
鮮奶油	2 大匙
橄欖油	適量
粗粒黑胡椒	適量
長棍法國麵包	5 片（搭配用）
水	1 杯

做法

① 洋蔥切絲、番茄切片備用。辣椒切段備用。

② 熱鍋後加入適量橄欖油，放入洋蔥拌炒至變色。

③ 放進紅辣椒、大蒜，爆香後番茄入鍋拌炒直到散發香氣。

④ 倒入蛤蜊，轉大火翻炒，加入番茄醬，以及約 1 杯的冷水。

⑤ 蓋上鍋蓋燜煮至蛤蜊全開。

⑥ 加入鮮奶油、九層塔、粗粒黑胡椒、起司粉拌勻。

⑦ 盛盤後將麵包擺在旁邊，沾著湯汁吃很美味。

香蒜墨魚

2 人份

這是一道快手下酒菜，墨魚的新鮮度，以及是否充分煉出乾辣椒香和蒜香，是這道菜成敗的關鍵。墨魚也可用透抽或花枝替代。另外因為蒜頭容易炒焦使油返苦，以大量橄欖油去炒時，油溫的掌握需要特別注意。

食材

乾辣椒	3 根	墨魚頭	1 隻
蒜末	4 大匙	九層塔	4-5 株
墨魚	1 尾	鹽巴	適量
橄欖油	1/4 杯	粗粒黑胡椒	適量

做法

1　將墨魚、墨魚頭切成小塊，撒入適量的鹽和粗粒黑胡椒抓醃。

2　摘下九層塔葉洗淨備用。

3　冷鍋加入橄欖油，開中小火加熱。

4　把蒜末、乾辣椒放進來，炒到散發香氣。

5　把墨魚丁放入鍋中快速翻炒。

6　九層塔葉也放進來炒到稍微收汁。

7　熄火盛盤，撒上粗粒黑胡椒，完成。

肉豆腐

2 人份

　　這是我在日本唸書、懸樑苦讀時最常吃的一道菜，因為它可以吃好幾頓，而且越煮越好吃。利用高湯汁來煮豆腐和牛肉，煮完後的高湯會有豆香味和牛肉湯的清甜，也可以把它當火鍋湯底，放進你喜歡的蔬菜。記得，肉片盡量挑選帶點油花的，口感會比較好；想減重的朋友則可以換比較不油的肉片，一鍋煮完，蛋白質和維生素都有了，很方便！

食材

火鍋牛肉片	400 克	蔥	1 根
板豆腐	1 塊	柴魚片	1 把
蒟蒻絲	半包		

高湯

柴魚高湯	500cc	味醂	2 大匙
酒	2 大匙	柴魚醬油	2 大匙
糖	2 大匙	七味粉	少許
醬油	4 大匙		

做法

1. 蔥白斜切、蔥綠切末備用。

2. 豆腐切片後沿著湯鍋邊排放；蒟蒻絲也沿著湯鍋邊排放整齊。

3. 將牛肉片切成適口大小，放置湯鍋中間。

4. 將蔥白整齊排列於湯鍋邊。

5. 倒入調好的高湯，開中火蓋上鍋蓋煨煮至牛肉熟透。

6. 起鍋前開大火，並撈出表面的浮沫。

7. 撒上柴魚片、蔥綠、適量的七味粉，完成。

Tips >>>

豆腐厚度均一，煮熟入味的時間才會一致。

將食材平鋪在鍋中，再倒進高湯煮熟就完成了。

醬香脆皮豆腐

2 人份

　　一想到煎豆腐，大多數的廚房新手都挺害怕的，除了害怕煎到變豆花，豆腐容易油爆也是原因之一。為什麼會油爆呢？這是水分在高溫下瞬間變成蒸氣的物理反應，只要豆腐在下鍋前先吸掉表面水分，就毋須擔心油爆的問題。

　　如果擔心豆腐容易破，可以一手拿筷一手拿湯匙，用筷子將豆腐推到鍋邊後，再用湯匙一撥，就能輕鬆翻面了。雖然是簡單的煎豆腐，但只要你的步驟對了、煎出豆香味，也能成為一道在家宴客時的炫技菜。

食材

板豆腐	1 塊
沙拉油	適量

蔥	1 株
蒜末	半大匙
香菜	1 株
紅辣椒	半條

醬料

醬油膏	1.5 大匙
醬油	3 大匙
香油	適量
白胡椒粉	適量

糖	1 小匙
水	2 大匙

做法

1. 吸乾豆腐水分，切成 1 公分厚的片狀，放回廚房紙巾上再次吸掉水分。

2. 熱鍋後倒入一點點的沙拉油，並取新的廚房紙巾把鍋中油脂抹開。

3. 轉中火，把豆腐一一擺進鍋子。

4. 蔥切花、香菜切段、紅辣椒切末後調入醬料中。

5. 將豆腐逐一翻面，兩面煎成金黃色。

6. 熄火將豆腐排盤，淋上醬汁，完成。

Tips >>>

利用廚房紙巾把豆腐表面的水分吸乾，油煎時較不易油爆。

要輕鬆翻面並不弄破豆腐，雙手並用就很重要了。

豆腐兩面煎至金黃，豆香味才會散發出來。

菠菜拌豆腐

4 人份

　　這道菜是從日本料理來的，菜名就叫「大皿料理」，日文是おしゃれ。皿就是盤子的意思，大皿料理在居酒屋裡屬於店家放在吧台邊的料理，客人在就坐前會看一下，先點來作為下酒前菜。很多居酒屋或家庭料理、鄉土料理店都會有這道菠菜拌豆腐。以前在日本唸書時，我在居酒屋常看到卻很少點來吃，當時心想：不過就是豆腐拌菠菜這簡單的東西嘛！後來朋友點了我只是順便跟著吃，這才驚覺「哇，原來滋味這麼棒」。這道菜很適合配白飯、稀飯，

下酒當然也可以，但得是清爽點的酒，因為這道料理的口感正是清淡又爽口的類型。

　　說到菠菜，年紀與我相仿的人都會想到美國動畫片《大力水手》，嚴格說來這是一部「置入性行銷」的卡通，當年美國菠菜滯銷，政府便想辦法製播這部卡通，讓小孩看了也認為自己吃下菠菜可以跟卜派一樣力大無窮，拜動畫所賜，讓菠菜當年成功打進小孩的世界裡！如果你家小朋友也討厭菠菜，也許可以找找這部老動畫哦！

─── 食材 ───

菠菜	3 株	醬油	1 大匙
板豆腐	1 塊	白芝麻粒	適量
柴魚醬油	3 大匙	柴魚片	適量

─── 工具 ───

壽司用竹簾（擠菠菜用）‥‥‥‥ 1 片

─── 做法 ───

① 取 2 到 3 張廚房紙巾包覆豆腐後，在上面放點重物壓 20 分鐘左右，壓出水分。

② 整株菠菜不切蒂頭，直接洗淨。煮一鍋熱水將菠菜根莖部先放入滾水中約 30 秒，再把葉菜部分全部放入鍋裡煮掉草酸，等水回滾後取出，放進冷水浸泡降溫。

③ 熱鍋後直接放入白芝麻炒香，盛出備用。

④ 用竹簾捲起菠菜，將水分擠乾。

⑤ 將菠菜蒂頭切除，再把菠菜切碎放入碗中。

⑥ 壓過水的豆腐捏碎放入碗中。

⑦ 將豆腐和菠菜拌勻，加入柴魚醬油。

⑧ 因為以醬油取代鹽作為鹹度，加入時可試一下味道。最後撒入炒好的白芝麻攪拌均勻，這樣不會只有單調的豆腐和菠菜，每一口都會散發芝麻香。

⑨ 盛盤時在最上面撒上一點柴魚片、白芝麻粒點綴，完成。

Tips >>>

一定要用板豆腐,吃起來才會有帶點渣渣的口感。壓出水分時得注意不能壓破豆腐。

葉菜類的根莖需較長的熟煮時間,所以先以莖的部位入鍋汆燙 30 秒,再將葉子放進鍋中。

鹽巴會使食材出水,所以改用醬油調味。完成後盡快吃完,豆腐容易酸不耐放。

醋熘白菜

2 人份

「醋」的誕生其實是個美麗的誤會，當食物放到變酸發酵，人類突然發現這氣味很特殊很棒，後來便逐漸演變提煉成一種調味方式。好的醋富含許多營養素，可以當作調味料也能軟化食材，對身體有益，這是老祖宗留下來的妙方，即使到現在，人類也還在開發醋的各種使用方法。

還記得有回節目出外景，我們到山西參觀陳年老醋的工廠。那家醋工廠在屋頂搭了倒 U

型的溫室，左邊進入，繞半圈再出來，全長大概 60 公尺，雖然不長，但我連 1 公尺都走不完——當溫室的門一打開，我才吸一口氣就咳不停，眼睛還被熏到睜不開！也就是那一次，我才知道醋和酒一樣也有年份差異。參觀完工廠，我們順道去參觀窟洞，主人做了醋 白菜，我一吃才驚覺，原來醋的檔次對風味影響極大，從此不但愛上，還因此收藏了兩瓶陳釀 20 多年的老陳醋呢！

食材

大白菜	4-5 片	烏醋	50cc	乾辣椒	3-4 條	鹽巴	1 小匙
紅蘿蔔	2-3 片	沙拉油	適量（煉油用）	蔥	1 株		
小黑木耳	10 朵	香油	適量	米酒	適量		
蒜末	1 大匙	花椒粒	1 大匙	糖	適量		

做法

1. 將大白菜切絲、乾辣椒、紅蘿蔔切絲，小黑木耳泡開，蒜切末，蔥斜切段備用。
2. 炒鍋熱鍋後加入適量沙拉油和香油，放入花椒粒，開小火煉油。
3. 另外將白菜絲放入塑膠袋，撒入鹽搖勻、捏一捏，醃一下白菜使其出水，放置一旁備用。
4. 用濾網濾出已煉出香氣的花椒油。
5. 原鍋放入黑木耳、紅蘿蔔絲、蔥段、乾辣椒翻炒，淋入一點花椒油。
6. 放入蒜末翻炒，炒到乾辣椒膨起，香氣才會出來。
7. 放入醃好的大白菜，快速翻炒一下。
8. 倒入 3/4 的烏醋拌炒，加入糖調味。
9. 起鍋前將剩下的烏醋沿著鍋邊淋下熗香，再淋上剩下的花椒油，完成。

Tips >>>

大白菜要切成大小一致，以鹽醃出水與加熱的熟度才會一致。

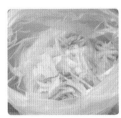

先用鹽醃過大白菜，擠出水後再炒比較快熟，口感也較脆口。

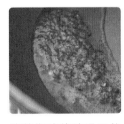

煉花椒油的油溫不能太高，只要一、兩粒開始變色時就得濾出。

在拌炒過程中看鍋裡蔬菜吃油狀況，可適時補點花椒油。

醋在加熱過程中會損失酸度，加入的時間會影響口感，所以分兩次入鍋：第一次加醋是使酸味出來，第二次加醋是補強酸的氣味。

乾鍋花菜

2 人份

　　我非常愛吃這道菜，不過做法有點不同。一般在餐館裡吃的乾鍋花菜會過油，先把花椰菜煎炸過，大家吃起來才會油香味足；但我用水煮處理花椰菜，希望吃得健康點。我改成以乾鍋逼出豬油，可取代過油的香氣與油脂，除了減少用油量，也讓花椰菜吃起來不無聊，每一口會多些肉片酥脆的口感。在烹煮時要特別注意食材的水分狀態，尤其是汆燙過的花椰菜，一定要炒到水分乾透有鍋氣，才是名符其實的「乾鍋」。

食材

豬五花肉片	8 片	蘑菇	8 朵	蒜片	5 瓣
白花椰菜	1 朵	乾辣椒	10 條	白胡椒粉	適量
蔥	1 株	鹽巴	適量	米酒	適量

做法
---

① 白花椰菜去梗切小朵，蔥切斜段，蒜切斜薄片，蘑菇切塊，乾辣椒切段備用。

② 先煮一鍋熱水，加入適量的鹽汆燙白花椰菜，當水回滾後撈起備用。

③ 炒鍋熱鍋後不需放油，將五花肉切薄片放入，小火慢慢煸出油脂。

④ 放入蘑菇煸炒至散發香氣後，再加蒜片、蔥段翻炒到出現香氣。

⑤ 加入乾辣椒，翻炒出辣椒香後，撒入適量的鹽和米酒。

⑥ 當鍋中的乾辣椒炒膨時，倒入煮好的白椰菜。

⑦ 將花椰菜炒至揮發水氣、香氣出來，加入適量的鹽、米酒、白胡椒粉調味。

⑧ 將全部材料倒入加熱後的砂鍋，淋點米酒提香，完成。

Tips >>>

要讓水煮花椰菜也能爽脆，
當水回滾時再煮 1 分鐘就濾
出備用。

乾煸逼出五花肉的豬油，並用
它來炒接下來的食材。

乾辣椒一定要炒膨後才放花椰
菜，香氣才足。

鮮香菇炒牛蒡

2 人份

　　排便不順暢的朋友，這道菜要好好學起來。古人說：「富人吃蔘，窮人吃牛蒡」是有道理的，牛蒡富含多酚類物質，能加速排毒促進血脂代謝，富含的各種礦物質更能穩定情緒；膳食纖維更是花椰菜的三倍之多。選購時，盡可能挑直挺一點的比較新鮮。處理牛蒡不難，清洗乾淨後用刀鋒輕劃過外皮即可，從底部可以看見一圈黑黑的，那是牛蒡最好吃的部位，如果用削皮器削牛蒡皮，很容易連這塊也削掉，就可惜了。香菇也是促進腸胃蠕動的好食材，兩朵香菇大約相當於一顆包心菜的膳食纖維。將兩種食材一起炒，腸胃道裡的堆積物絕對能清光光。

食材

牛蒡	1 根	香油	適量	味醂	2 大匙
新鮮香菇	3 朵	白糖	適量	白芝麻	少許
菠菜	3 株	鹽巴	適量		
紅蘿蔔	4 片	醬油	3 大匙		

做法

① 香菇去蒂頭切片、紅蘿蔔切絲備用。

② 用刀將牛蒡皮稍微刮掉，並在牛蒡上劃上多道直刀後，再用削的方式削成牛蒡絲。

③ 起一鍋熱水，將菠菜先以根莖部入鍋汆燙 30 秒後，再把葉菜放入鍋燙。

④ 回滾後取出菠菜，切段，並將莖和葉分開放備用。

⑤ 熱鍋後不放油，將香菇片放進來，乾煸至出水。

⑥ 加入紅蘿蔔絲，乾炒掉表面水分後再淋入適量的香油。

⑦ 放入牛蒡絲翻炒出水，將菠菜莖放進來快炒過，再把葉子放進來炒勻。

⑧ 撒入糖和鹽、加入醬油和味醂翻炒。

⑨ 盛盤後撒上白芝麻粒，完成。

Tips >>>

牛蒡的外皮很薄,清洗乾淨後只需用刀尖刮過外皮即可。

可沿著牛蒡劃幾道直刀後,再用削的方式切成絲;這樣牛蒡絲會比較薄,且粗細不一,口感會比較好。

為使這道料理充滿清爽口感,只在最後加點香油,提升香氣。

蔥爆豆芽菜

2 人份

　　這是我自己想出來的炒法。常見的做法是豆芽菜加蒜頭炒香後，連同韭菜炒熟，沒什麼特別，但如果改用蔥爆的概念來做，效果就會非常好。很多網友會問我，為什麼家裡炒的豆芽菜就是沒熱炒店香，有時候還會半熟或過熟。其實家用瓦斯爐不比熱炒店的快速爐，要同時間把每根豆芽菜炒熟是有點難度的；可以先過熱水汆燙，讓每根豆芽菜受熱均勻才入鍋，加入蔥爆炒入味，吃起來就跟熱炒店的沒兩樣。

--------- **食材** ---------

豆芽菜	1 包	蒜頭	2 顆
韭菜	3 根	紅辣椒	1 條
蔥	2 株	沙拉油	適量

--------- **醬汁** ---------

醬油	2 大匙	白胡椒粉	少許
糖	1 小匙	黑胡椒粉	少許
香油	少許	鹽	適量

--------- **做法** ---------

1. 蔥白以刀背稍微拍打後切段，蔥綠、韭菜、辣椒切段，蒜頭切末備用。

2. 煮一鍋熱水，豆芽菜放入熱水汆燙 15 秒，撈起後備用。

3. 熱鍋後加入多一點的沙拉油，把蔥白放進來爆香。

4. 接著在鍋裡放進蒜末、紅辣椒、韭菜、蔥綠，炒至散發香氣。

5. 把燙好的豆芽菜放進來拌炒，倒進醬汁炒至散發香氣，完成。

Tips >>>

先把醬汁調好，稍後一次倒入鍋中，會快上許多。

燙過的豆芽菜已充滿熱度，再進到炒鍋快炒，就能確保每一根都帶味且脆度是夠的。

蠔油西生菜

2 人份

　　蠔油是一種很有趣的調味料，原料是蠔，閩南人或是廣東一帶，很常用它來增加料理的海味，用法很廣泛，可煮湯、炒菜、拌麵，也是我很常用的調味料。當蠔油和青菜組合，可以讓平淡無奇的燙青菜吃起來不無聊。我很喜歡吃這道菜，之前在溫哥華唸書時，只要上館子就會點來嚐嚐。做法很簡單，關鍵是豬油要和美生菜拌一拌。也可以預先煉好豬油，煉的時候放進辛香料，使用時就不用再爆香了。

　　提到蠔油，一般人常會想到香港的調味料品牌，不過我以前也聽過另一個版本：在台灣有個富商，在他還是個窮光蛋時，有天經過蚵田，發現挖破的蚵仔都被丟掉，他馬上用低價收購這些蚵仔，煮成蠔油拿去賣而賺了大錢，轉個念就把別人眼裡的瑕疵品變成黃金。

食材

豬板油	10×10cm	糖	少許
紅蔥頭	2 顆	香油	少許
蒜頭	1 顆	鹽巴	少許
美生菜	1 顆	蠔油	5 大匙

做法

1. 豬板油切丁後放入炒鍋，紅蔥頭切碎、蒜頭去皮拍扁後一併入鍋。

2. 倒入半碗水，蓋上鍋蓋。開火燜煮，直到水分快煮光就轉小火煉豬油。

3. 鍋中的豬板油熬煮到差不多，用濾網將豬油濾出備用。

4. 在碗裡倒進些許豬油與蠔油，加入少許的糖、香油、鹽攪拌均勻，醬汁就調好了。

5. 煮一鍋滾水，將事先剝散洗淨的美生菜放進來，菜一入鍋稍微燙一下就可以撈出。

6. 將調好的醬汁淋在美生菜上拌勻，完成。

紅醬番茄燴蛋

2 人份

　　番茄炒蛋，你吃過幾種做法？先炒蛋還是番茄？有沒有煨煮過？還是把番茄炒軟了再淋蛋液？即便是中式，每個媽媽做的番茄炒蛋，味道也都不同。

　　每次在做這道菜時，我都會想，材料就是番茄和雞蛋，我還能如何變化它，讓每次煮出來都像另一道菜。有天我試著用西式的風格來

做，先煨煮出接近披薩的紅醬，炒蛋前在蛋液裡加點油增加滑潤感，蛋液入鍋後適時的離火阻斷熱源避免蛋炒太老。炒蛋盛盤後，再淋上紅醬，感覺有點像燴飯；吃的時候能單獨品嚐炒蛋的香氣，也可以沾點紅醬變化味道。這樣的做法不會多花時間，可呈現出的效果很不一樣，端上桌後也能讓大家眼睛一亮。

--------------------------------- **食材** ---------------------------------

橄欖油	半杯	番茄	1 顆	番茄醬	4 大匙
九層塔葉	10 片	洋蔥	1/4 顆	水	100cc
雞蛋	4 顆	鹽巴	些許	糖	適量
蒜末	3 大匙	粗粒黑胡椒	些許		

--------------------------------- **做法** ---------------------------------

① 將番茄、洋蔥切丁，九層塔切碎備用。

② 4 顆雞蛋打入碗中，放點鹽巴與少許橄欖油攪拌均勻備用。

③ 深炒鍋熱鍋後加入橄欖油，放入蒜末炒香。

④ 加入洋蔥拌炒，放番茄丁拌炒均勻，倒入番茄醬、水煨煮。

⑤ 加入適量的糖、粗粒黑胡椒調味煨煮。

⑥ 九層塔葉稍微切過後入鍋，紅醬完成。

⑦ 把鍋子清洗乾淨後，熱鍋加入多一點的橄欖油，轉動鍋子使鍋內每一處都吃到油。

⑧ 油熱後將蛋液倒進來，用筷子在鍋中拌炒，適時讓鍋子離開火爐。

⑨ 在蛋液尚未完全凝固、還嫩嫩的時候，倒入盤子。

⑩ 淋上步驟 6 的紅醬後，撒上剩下的九層塔絲，完成。

Tips >>>

煨煮紅醬的水分別加太多，
不然醬料的味道就不濃稠了。

九層塔只取葉子的部分切碎，
避免根莖壞了滑蛋的口感。

蛋液入鍋後，需同時用筷子
轉動使之受熱均勻。

宮保皮蛋

4 人份

　　一般宮保皮蛋的做法會將切成四等分的皮蛋裹上麵粉油炸，除了增加口感外，最主要的是將蛋黃凝固。小家庭裡做菜要過油是件麻煩事，換成水煮雖然少了酥脆感，卻也省下處理油鍋的時間，而且能達到相同目的。食材上，

我會再加一塊雞腿肉，一方面是取煎過的雞肉油脂讓皮蛋帶點肉香，另方面也是增加份量感；但切雞肉時，請切得比皮蛋小一點，因為這道料理皮蛋才是主角。皮蛋先煮過讓蛋黃凝固，下鍋炒時才不會沾得鍋裡都是蛋黃。

食材

皮蛋	5 顆	蒜頭	2 顆
香菜	2 株	乾辣椒	6 條
蔥	2 株	去骨雞腿肉	1 隻
薑片	20 片	沙拉油	適量

醬汁

醬油	1 大匙	糖	1 小匙
醬油膏	3 大匙	白胡椒粉	1 小匙
番茄醬	半大匙	香油	適量
米酒	1 大匙		

做法

① 皮蛋去殼後，放進熱水裡煮到蛋黃凝固，用濾網撈出後，兩次對切成四等分備用。

② 乾辣椒切段，蒜切片，蔥斜切段、香菜切末備用。

③ 熱鍋後不需放油，將雞腿肉的雞皮面朝下入鍋中煸香出油。

④ 當雞皮煎至金黃色，翻面繼續煎上色，取出後切成一口大小再放回鍋中煎熟。

⑤ 在鍋中加入適量沙拉油，薑片煸香，放入乾辣椒、蒜、蔥段翻炒至散發香氣，再放入皮蛋拌炒均勻。

⑥ 淋入宮保醬汁後，拌炒至收汁。

⑦ 起鍋前淋入少許香油，盛盤後撒上香菜末，完成。

蠔油杏鮑菇

4 人份

　　杏鮑菇、綠花椰菜和蠔油,這三項可是廚房裡的常備品,有時碰到客人臨時拜訪,來不及準備些大魚大肉,這三元素組合出的料理能讓客人覺得頗像一回事呢!先用滾刀將杏鮑菇切塊,一方面能切斷纖維,比較好入口,擺起來份量也比較多。擔當配角的綠花椰菜,擺盤擺得好能讓這道菜變大菜。蠔油入鍋後,不要煮得太過頭,加點糖把味道提出來才好吃。

　　很多人會問,為何買回來的綠花椰菜很容易黃掉?選購時盡量挑花蕊緊密的,買回家後先從莖部切掉薄薄一層,再以沾濕的廚房紙巾包覆起來可維持新鮮度,延長儲存的時間。

食材

杏鮑菇	2 朵	香油	適量
綠花椰菜	1 朵	蠔油	4-5 大匙
蔥	2-3 株	醬油	2 大匙
糖	1 小匙	水	1 碗
鹽巴	適量	橄欖油	少許

做法

1. 切蔥花,洗好的綠花椰菜切小朵備用。

2. 杏鮑菇滾刀切成塊,放入鍋中乾煸出香味。

3. 加入適量橄欖油、蠔油、醬油,再倒入水煮滾到稍微收汁。

4. 加入適量糖,蓋上蓋子燜煮完全收汁。

5. 起鍋前加入少許香油,轉大火再讓杏鮑菇更加入味,可留一點點湯汁拌飯。

6. 煮一鍋熱水,加入少許橄欖油、鹽,把綠花椰菜放進來氽燙;當水回滾約 1 分鐘後,用濾網撈出綠花椰菜。

7. 將綠花椰菜沿圓盤繞一圈擺盤。

8. 將煮好的杏鮑菇盛到盤子中間。

9. 撒一點蔥花,完成。

第 2 章

有菜有肉有澱粉的

一碗食

很多人覺得吃頓飯起碼要三菜一湯，其中要有肉類、主菜及搭配的蔬菜，做頓飯起碼要花 1 小時，吃完還要洗碗整理廚房，如果只有一道菜又好像太寒酸了，營養也無法均衡兼顧。

我常常覺得這是一種迷思，**與其花三倍的時間做三道口味沒什麼變化的家常菜，不如好好的做一道口味特別，且有菜有肉有澱粉的主食餐**，不但做菜的時間縮短了，平常用餐的變化也更多，日常在家開伙能夠簡單好吃又滿足，多好。

尤其因為疫情的影響，有很多企業開始讓員工在家上班，以往中午的午休時間大家習慣在外面吃飯，如果在家如何利用中午休息的一個半小時，簡單做出既快又健康美味的主食餐？把下面介紹的這幾道料理學起來，絕對讓你不再動不動就叫外送！

肉絲尖椒蓋飯

1人份

蓋飯不是日本人的專利，拆解食材，蓋飯不過是將煮熟的食材淋在米飯上，處理起來極快。每當我忙到沒時間好好做菜，我就特別喜歡做這道蓋飯。

記得在長沙出外景時，看到當地用尖椒、紅辣椒、肉絲交融後做成蓋飯佐料，豐富有滋味。尖椒在台灣不好買到，可改用糯米椒取代口感也不差。完成時，菜、肉、飯都齊了，營養也均衡，最後再打上一顆溫泉蛋，讓潤澤濃郁的蛋黃緩解辣椒在口腔裡的刺痛感，愛吃辣的你一定要試試！

食材

豬五花肉片	10 片	蒜泥	半大匙
雞蛋	1 顆	薑泥	半大匙
熱白飯	1 碗	鹽巴	適量
糯米椒	4 條	醬油	1 大匙
紅辣椒	3 條	米酒	1 大匙
蔥	1 株	辣椒油	適量

做法

1. 先做溫泉蛋：1000cc 滾水加入 300cc 冷水，雞蛋洗淨不剝殼放入浸泡 7 分鐘。取出時再泡冷水，中斷導熱避免蛋黃太熟。

2. 糯米椒、紅辣椒斜切絲，蔥切段。

3. 五花肉切薄片，盛好白飯備用。

4. 熱鍋後直接放入五花肉片，乾煸出油後放入薑泥、蒜泥，將糯米椒、紅辣椒、蔥段入鍋炒勻。

5. 加入鹽、醬油、米酒後翻炒。

6. 起鍋前淋上適量辣椒油後倒在白飯上，打顆溫泉蛋，完成。

Tips >>>

乾煎五花肉片時請多花點耐心，把油脂逼出後，就能讓蓋飯不用再加一滴油。

無烤箱雞肉焗飯

2 人份

　　焗烤類料理一定要用烤箱嗎？沒有烤箱是否就得放棄一些料理做法？其實只要清楚烤箱的加熱原理、食材熟成順序，就算不用烤箱也能做出焗飯料理。請先想想「焗飯」要有哪些元素？表層覆蓋濃郁又焦香的起司，白醬米飯裡的濃郁奶油香，搭配軟嫩可口的雞肉和蔬菜。

可以先用水煮食材來增加焗飯的含水量；米飯中加入鮮奶油和拌入起司絲，受熱後就會有牽絲的起司絲；用平底不沾鍋乾烙起司絲後再倒扣到盤裡，就可做出焦香起司的表層，步驟固然繁瑣些，卻可以做出烤箱沒有的「鍋巴香」。

食材

去骨雞腿肉	1 隻	起司絲	適量
冷白飯	2 碗	動物性鮮奶油	80cc
蘑菇	6 顆	黑胡椒粉	適量
洋蔥	半顆		

做法

① 雞腿肉去皮切成小塊，蘑菇、洋蔥切小丁，三種材料一起放入滾水中煮熟後瀝乾放進大碗，撒點黑胡椒粉、鹽攪拌均勻。

② 加所有材料與白飯一起攪勻，倒入鮮奶油與少量起司絲拌均備用。

③ 冷鍋時將起司絲鋪滿鍋面，把米飯餡料平鋪在起司絲上，注意不要讓食材沾到鍋壁。

④ 開小火煮至起司融化，過程中可用湯匙收壓鍋邊食材。

⑤ 不時晃動鍋子，感覺食材有在晃動，即可將米飯倒蓋到盤子上，將原先於鍋底的起司面朝上，完成。

Tips >>>

水煮食材可為焗飯增添濕滑口感。

使用一般平底鍋，請先均勻抹上油脂後再鋪上起司絲。

當鍋邊的起司轉成金黃色就能起鍋了。

雞肉炊飯

2 人份

　　我喜歡中式早餐，砂鍋是我最常使用的鍋具之一，煮出來的米飯特別香。我希望讓這道炊飯的氣味再提升些，把煮米飯時加的水改成柴魚高湯；而雞腿肉裡的油脂與釋發出的雞湯精華，也能使米飯更鮮甜。煮好的炊飯在還沒拌開前，接近鍋底的米飯是比較濕潤的，攪拌均勻後，會讓每口飯有濕有乾，吃進嘴裡的口感也更好玩。最後鋪上鮭魚卵，可點醒鹹味，吃到嘴裡一咬開，除了感受到鮭卵的鮮味，米飯也會變得特別甘甜。砂鍋是個挺值得投資的好用鍋具，好煮耐用又漂亮，盛裝食物上桌也很美觀。

食材

生米	1 杯半	新鮮黑木耳	2-3 朵
去骨雞腿肉	1 隻	蔥	2 株
鮭魚卵	1 大匙	柴魚高湯	2 杯
紅蘿蔔	半條	鹽巴	適量
竹筍	半顆		

Tips >>>

1. 食材先煮滾後再蓋鍋蓋，可防止黏鍋。
2. 瓦斯爐內外圈的火苗轉至最小，才是真正的小火。

做法

① 紅蘿蔔、黑木耳切絲，竹筍切片清洗，蔥切成蔥花備用。

② 雞肉切大丁，放入滾水中汆燙去腥後，撈出備用。

③ 將米洗好撈出，均勻鋪在砂鍋，倒入柴魚湯蓋過米約 1 公分左右。

④ 將紅蘿蔔絲、黑木耳絲、竹筍擺入鍋內；雞肉放在中間，加入鹽巴調味。

⑤ 開大火煮滾後蓋上鍋蓋，轉成小火煮 15 分鐘，熄火再燜 10 分鐘。

⑥ 開蓋後撒上蔥花稍微攪拌，再放上鮭魚卵再次拌勻，完成。

金針菇溫泉蛋蓋飯

4 人份

我在日本唸書時，冰箱裡一年 365 天都會有這道菜。金針菇富含粗纖維，能清理腸胃道裡的垃圾，是現代人非常需要的健康食材；另外為了能多攝取一些養分，我再增加了黑木耳和新鮮香菇來增添變化。黑木耳裡的膳食纖維也能促進腸胃蠕動，如果你想減重，這道蓋飯非常推薦。事先做好放冰箱冷藏，冰上好一陣子都不會壞。早上起床把飯蒸熱，再將金針菇淋上，你會愛死這道菜！

─── 食材 ───

金針菇	1 包	新鮮香菇	3 朵
柴魚醬油	1 大匙	雞蛋	1 顆
醬油	1 大匙	熱白飯	1 碗
糖	1 小匙	沙拉油	適量
新鮮黑木耳	2 片	水	50cc

Tips >>>

金針菇、黑木耳、香菇富含的膳食纖維，是很好清腸道的食材。

─── 做法 ───

① 溫泉蛋：1000cc 滾水加入 300cc 冷水，將洗淨不剝殼的雞蛋放入水中浸泡 7 分鐘。

② 取出雞蛋放進冷水中浸泡，預防過熟。

③ 金針菇切小段、香菇切片、黑木耳切條備用。

④ 熱鍋後放入香菇乾煸出香氣。

⑤ 加入適量沙拉油，放入黑木耳、金針菇拌炒直到炒出香氣。

⑥ 倒入柴魚醬油和醬油調味，加入糖和水，小火熬煮至收乾，熄火。

⑦ 冷卻後放進冰箱冷藏。

⑧ 準備好熱白飯，從冰箱取出炒菇直接鋪在飯上，打上溫泉蛋，完成。

乾烙海鮮燴飯

1 人份

　　中華丼飯是從日文漢字直譯過來的一道料理，意思是「中式蓋飯」，也是日本人模仿中式料理後的新創意。料理步驟十分接近燴飯，都是將食材炒熟後勾芡汁再淋在白飯上。我喜歡讓食材的氣味再多點層次變化，特別是海鮮如果先乾烙，就能讓每種食材先吸飽鍋氣再一同入鍋燴煮。雖然會多花些點時間，但乾烙過的鮮蝦和透抽，吃起來特別有鍋香味，搭著紅蘿蔔、青椒一起吃，香氣又再多些層次，不妨花點時間試試看。

食材

五花肉絲	50 克	青椒	半顆	薑片	4 片	沙拉油	適量
透抽	半條	乾鈕扣菇	8 朵	熱白飯	1 碗	香油	適量
蝦子	8 尾	蔥	2 株	醬油膏	5 大匙	水	1 碗半
紅蘿蔔	2 片	薑泥	半大匙	太白粉	3 大匙		
青江菜	2 株	蒜泥	半大匙	白胡椒粉	適量		

做法

① 青江菜切段、紅蘿蔔切絲、青椒切絲、蔥切斜段備用。

② 將半碗水加入太白粉中攪勻做成芡汁備用。鈕扣菇泡水備用。

③ 蝦子去頭去殼後清腸泥。透抽表面劃花刀後切薄片。

④ 熱鍋後加適量沙拉油，將薑片和蝦殼（蝦頭不用）放進鍋中炒香，加入 1 碗的白開水，煮滾後濾出蝦湯備用。

⑤ 燒乾鍋裡的水分，放入蝦子乾烙至七分熟取出。

⑥ 鍋子洗乾淨後，擦乾水分，放入透抽乾烙至七分熟取出。

⑦ 另外裝一盤熱白飯備用。

⑧ 原鍋加入沙拉油，放入蔥段爆香，加蒜泥、薑泥、青江菜、紅蘿蔔絲、香菇炒香，加入醬油膏、白胡椒粉、蝦湯煮滾。

⑨ 倒入乾烙後的蝦子和透抽煨煮，淋入芡汁與適量香油拌勻後淋在白飯上，完成。

Tips >>>

蔬食煮熟後再倒入乾烙過的蝦子與透抽，烙進海鮮的鍋氣才不會被湯汁稀釋掉。

簡易版墨魚燉飯

2 人份

　　在外頭餐館很常見的墨魚燉飯，大家應該都很熟悉吧！有些進口超市可以買得到墨魚汁，讓偶爾想變化一下菜色的主婦們有方便的選擇；但我相信對大部分的婆婆媽媽們來說，提到燉飯，八成就會浮現自己得花大把時間苦守著爐子把生米燉熟，稍不注意還可能燉到燒焦，光用想的都累了，怎能不卻步呢？

　　這道簡易版墨魚燉飯，是我出外景到西班牙時吃到的，需要準備的食材很簡單，不需要在爐子旁攪拌熬煮快 1 小時，更不用另外買墨魚汁──只要利用透抽原本就有的墨囊來「染黑」米飯，煮出來的燉飯就有滿滿的鮮味了。要記得，在跟魚販買透抽時請整隻購買，不然大多商家會幫你把透抽的頭部和外皮拔除。

食材

洋蔥	半顆	起司絲	2 大匙
透抽（含墨囊）	1 隻	橄欖油	適量
冷白飯	2 碗	水	100cc
紅辣椒	1 條	粗粒黑胡椒	適量
蒜末	2 大匙		

做法

1. 取出透抽頭裡的墨囊，在外皮剪個洞備用。

2. 以廚房紙巾撕下透抽外皮薄膜，對開切半，再斜切薄片備用。

3. 洋蔥切丁、辣椒切末備用。

4. 熱鍋倒入橄欖油和蒜末爆香，油可以放略多一點。

5. 當蒜粒變色後熄火，用濾網濾出蒜油，另將蒜粒撥開攤平加速散熱。

6. 倒入大部分的蒜油，加入洋蔥炒香。

7. 加入白飯後稍微拌開，放入墨囊後用鍋鏟壓出墨汁，加入水拌勻，使飯均勻染成黑色。

8. 撒入起司絲稍微攪拌。鋪上透抽片，蓋上鍋蓋燜煮約 1 分鐘。

9. 打開鍋蓋，將飯和透抽攪拌均勻，撒入粗粒黑胡椒拌均。

10. 再蓋上鍋蓋燜煮至水分快收乾，米粒仍保持濕潤狀態即可盛盤。

11. 最後再淋上剩下的蒜油、蒜酥和辣椒丁，完成。

Tips >>>

以透抽的墨囊把米飯染成墨色。
可依照偏好的口感調整米飯硬度。

利用鍋內的水蒸氣將透抽蒸熟。

黃金蝦仁炒飯

1 人份

炒飯真要簡單做，熱鍋後放油，蛋、飯、蔥放進鍋裡炒一炒就是一道炒飯。不過我喜歡的炒飯比較細緻些，別擔心，步驟不太複雜，只需以食材香氣與受熱原理就能做出層次、口感、氣味豐富的炒飯。炒飯前，先煉些蒜蔥油，當油脂裡多點辛香料的香氣，入口的飯除了米香、蛋香就會再多點蔥蒜香。每一家煮出來的米飯硬度不同，可以利用蛋黃受熱後會變得比較乾柴的特性，先將隔夜飯與生蛋黃攪拌均勻，入鍋熱炒時，蛋黃受熱後會推開飯粒，飯更容易炒開。起鍋前記得再淋上 1 大匙白開水或高湯增添水氣，讓口感帶點濕潤不會太乾。

食材

冷白飯	1 碗	雞蛋	1 顆
蔥	4-6 株	鹽巴	適量
蝦仁	6-7 尾	沙拉油	適量
蒜頭	3 顆	水或高湯	1 大匙

做法

1. 將 2 株蔥切末，其餘切段用來煉油。蒜頭以刀背拍扁備用。

2. 蝦仁開背去腸泥後擦乾水分備用。

3. 熱鍋後加入適量沙拉油，放入蔥段等全熟後再加入蒜頭一起煉油，千萬注意別讓蒜頭焦了，不然苦味會跑出來。

4. 鍋中散發香氣後，用濾網將油脂濾出備用。

5. 取中碗，放入白飯與蛋黃攪拌均勻。

6. 原鍋不需沖洗，加熱後放入蝦子與少許蒜蔥油，將蝦子兩面煎至變色。

7. 倒入拌好的米飯炒開，使之吸飽鍋中香氣。炒到鍋邊的飯粒在跳，就表示每粒飯粒都受熱均勻。

8. 在鍋中騰出一個空間，倒入蛋白後快速拌炒。

9. 加鹽調味，撒入蔥花拌炒，再淋上水或高湯，讓飯粒吸點水氣回軟。

10. 起鍋盛盤後，再淋上少許蔥油，完成。

香菇高麗菜糯米炊飯

4 人份

　糯米飯糰、油飯、糯米雞、竹筒飯、筒仔米糕等都是台灣常見的小吃，但烹煮前糯米需浸泡一晚米芯才會透，一般家庭會做的機會並不多。有一款「香禾糯」挺特別的，只需浸包 20 分鐘就能烹煮，煮出來的米芯也不會太乾。這款糯米採用「魚鴨共生」栽種法，在稻田裡養魚，當魚在田裡游時可翻動土壤，讓鴨子吃掉田裡的害蟲，再直接利用鴨糞作為天然肥料。因為採用有機種植，一年只收成一次。有別於一般糯米，推薦給大家品嚐看看。

食材

蒸熟的香禾糯	2 碗	蝦米	1 大匙
紅蘿蔔	半根	乾鈕扣菇	15-20 朵
高麗菜	4-5 片	沙拉油	適量
蔥	2 株	黑麻油	適量
豬肉絲	100 克	鹽巴	適量
米酒	半碗		

Tips >>>

1. 糯米飯會再入鍋與湯汁拌炒，可視自己喜歡的口感調整米飯的硬度。
2. 用紅蘿蔔裡的胡蘿蔔素讓炊飯增色。蝦米、鈕扣菇、紅蘿蔔都可增添米粒的甜味。

做法

① 紅蘿蔔刨絲、高麗菜切絲、蔥切末備用。

② 將蝦米浸泡在米酒裡，乾鈕扣菇泡水備用。

③ 熱鍋後放入豬肉絲炒香。

④ 將香菇擠乾、撈出蝦米一起放入鍋中翻炒至散發香氣。

⑤ 加入紅蘿蔔絲，加入一點沙拉油、黑麻油翻炒後，將蔥末放進鍋中炒香，再倒入浸泡蝦米的米酒翻炒均勻，最後倒入香菇水。

⑥ 香菇水入鍋後，鍋中會呈現一點紅色，這是紅蘿蔔汁熬煮出來了。

⑦ 放入高麗菜絲，將熟糯米放進鍋中攪散，與鍋中食材均勻翻炒，加入鹽撥散，使鹹味均勻。

⑧ 將炒好的糯米飯放入蒸籠，用蒸布包覆。水滾後蒸煮約 10 分鐘，完成。

鳳梨咖哩雞肉義大利麵

1 人份

　　鳳梨富含鳳梨酵素，可以修復人體肌肉組織，也能抗體內發炎，甚至質地較緊韌乾柴的肉類，如鴨胸、雞胸肉等，鳳梨酵素也能軟化肉類裡的結締組織，使之軟嫩。除了以水果入菜，這道麵食也加入南洋風味的咖哩、椰奶椰糖等食材，使風味再多些層次變化。若是同一時間無法兼顧炒醬汁和煮麵條，也可先煮好麵條，待醬汁煮好後再復熱麵條，拌炒時麵條才能充分吸附醬汁。

食材

鳳梨 … 適量切塊	蒜頭 … 3 顆	椰糖（或紅糖）1 大匙半
去骨雞腿肉 … 1 隻	小番茄 … 5 顆	起司粉 … 1 小匙
義大利麵 … 120 克	紅辣椒 … 1 根	魚露 … 3 大匙
橄欖油 … 適量	九層塔 … 10 片	鹽巴 … 適量
咖哩粉 … 3 大匙	香菜 … 1 小把	
洋蔥丁 … 半顆	椰奶 … 200cc	

做法

1. 洋蔥切小丁、蒜頭切末、紅辣椒切片、香菜切末、小番茄切半、鳳梨切塊、九層塔切絲備用。

2. 雞皮撒鹽調味。冷鍋將雞腿肉的雞皮面朝下入鍋，再開中小火慢煎，雞皮煎至呈現金黃色後取出切塊。

3. 煮一鍋熱水加鹽，放入義大利麵煮至九分熟後取出備用。

4. 原鍋開小火，洋蔥入鍋拌炒，撒鹽調味；加入蒜末、鳳梨拌炒，再加入適量的橄欖油、椰糖、咖哩粉炒至散發香氣。

5. 加入雞肉塊和 1 勺煮麵水拌炒，淋入椰奶、魚露後再加入小番茄、香菜、辣椒拌炒。

6. 將煮熟的義大利麵入鍋拌炒，撒上九層塔絲快速攪拌，熄火。起鍋前撒上起司粉，完成。

Tips >>>

拌炒洋蔥可撒點鹽使其釋出更多水分，讓洋蔥糖化速度快些。

蒜味鮮蝦義大利麵

1 人份

　　許多人做的義大利麵嚐起來總是麵醬分離，關鍵在煮麵水裡加鹽的量要足夠，當煮麵水沒有加足夠的鹽，熟麵入鍋拌炒前後不過1分鐘，味道很難吃進麵條中。而這道義大利麵單靠蒜香和蝦子的味道撐場，因此煮麵條時鹽要得下重些，比例上我通常抓八分滿的熱水加一尖匙的鹽巴。

食材

去殼草蝦	10 尾	**九層塔**	10 片
義大利麵	100 克	**橄欖油**	適量
蒜末	3 大匙	**鹽巴**	適量
蒜泥	1 大匙	**黑胡椒粉**	適量
乾辣椒	2 根		

Tips >>>

將鍋面傾斜，即使油量再少也能煸蒜油。

確保湯汁被麵條吸得差不多時再下九層塔。

做法

1　煮一鍋熱水加入1尖匙鹽。將義大利麵條放入鍋中煮熟，過程中輕輕撥散麵條避免沾黏。

2　九層塔切絲備用。蝦子撒鹽、黑胡椒粉醃製備用。

3　熱鍋後倒入橄欖油，加入蒜末，以小火炒香、避免燒焦。放入乾辣椒，增加風味。

4　當鍋中的蒜末炒到稍微變色後，放入蝦子翻炒，並加入1勺煮麵水。

5　麵條煮到九分熟，用濾網撈出麵條後，放入炒鍋中拌炒。

6　當麵條將湯汁吸得差不多時，撒上九層塔翻炒，熄火。再放入蒜泥拌開。

7　盛盤後再淋上適量橄欖油，完成。

姆士流烏魚子義大利麵

1 人份

　　早期義大利麵傳到亞洲時，仍保有傳統的手法與風味，只不過日本人善於吸收外來文化後再作詮釋，當日式烹調概念結合西方食材，便誕生了「和風義大利麵」。好比拿坡里義大利麵，原先是移民美國的義大利人以地利之便做出來的麵食，傳到日本後以當地食材與料理習慣再作改良，麵條偏軟、口味帶甜。我沿用和風的概念，將日本人喜歡吃的烏魚子融合進西方的義大利麵，這也算是「和風」嗎？就稱「姆士流風」吧！

食材

義大利麵	100 克	**飛魚卵**	2 大匙
橄欖油	適量	**蒜苗**	1 株
杏鮑菇	1 條	**海苔絲**	適量
烏魚子	1 付	**鹽巴**	適量

做法

① 去除烏魚子外膜。將半付烏魚子以刨削刀刨碎，剩下的烏魚子切成小丁備用。

② 蒜苗橫剖後切末備用。

③ 煮一鍋熱水加入適量橄欖油、鹽，放入義大利麵煮至七分熟，起鍋備用。

④ 備兩個中碗，各自放入飛魚卵及烏魚子碎，倒入適量橄欖油攪拌勻備用。

⑤ 熱鍋後將杏鮑菇剝絲入鍋乾煸至出水上色，放入烏魚子丁和 1 勺煮麵水煨煮，放入義大利麵收汁。

⑥ 起鍋後撒上蒜苗末，加上 1 大匙的烏魚子和飛魚卵鋪在義大利麵上；撒海苔絲並淋一點橄欖油，完成。

Tips >>>

將烏魚子刨成細碎後加入橄欖油，等義大利麵煮好後再鋪在上頭。

杏鮑菇剝成絲狀，加熱後會比較
快出水，也容易和麵條混為一體。

和風百菇義大利麵

1 人份

這道料理是蛋奶素，如果去掉鮮奶油，連全素的朋友也可以吃。菇類對身體非常好，其中富含的多醣體，聽說有抗癌的效果。只是在烹煮時要切記，菇類有 90% 是水分，買回來後不需要清洗，直接用乾鍋炒到菇內的水分都出來了、發出「啾啾啾」的聲音，炒菇吃起來才會有香氣。

食材

義大利麵	100 克	味醂	1 大匙
杏鮑菇	2 根	海苔絲	1 把
新鮮香菇	3 朵	鮮奶油	30cc
鴻喜菇	半包	鹽巴	適量
醬油	3 大匙		

Tips >>>

僅是將菇類炒到收汁也是一道菜。這道料理換成任何你喜愛的麵條也可以。

做法

1. 煮一鍋熱水加入少許鹽巴，麵條入鍋煮至九分熟，過程中稍微攪拌避免麵條黏在一起，或也可以加入少許橄欖油避免沾黏。

2. 熱鍋，將杏鮑菇切片、香菇切片、鴻喜菇剝開放入鍋中乾煸，炒到菇類出水與散發香氣。在發出啾啾聲時，就可以調味。

3. 加入醬油、味醂翻炒，讓醬油香融入菇裡。

4. 加 1 湯匙煮麵水倒進鍋中，轉小火煨煮。

5. 將煮好的義大利麵放入鍋中與菇類充分拌炒，讓麵吸飽湯汁好入味。

6. 在收汁前倒入鮮奶油，增添香氣。

7. 收汁差不多後盛盤撒上海苔絲，完成。

日式蕎麥麵

　　這是我們家夏天必吃的一道麵食。好吃的蕎麥麵除了得慎選品牌，處理步驟裡絕對不能馬虎的便是用冷水沖洗熟蕎麥麵。因為麵條起鍋後，熱能還是會由外往內傳導使麵過熟，以冷水洗滌剛煮好的麵條，除了能迅速阻斷熱源，也可以把外面殘存的澱粉洗掉，確保入口時的清爽，不會吃起來黏糊糊的。至於最後的冰水冰鎮，則是讓麵條毛細孔迅速收緊，增加麵條的 Q 彈度。

食材

蕎麥麵	1 把	哇沙比	少許
雞蛋	1 顆	海苔絲	1 把
蔥	1 把	冰水	1 盆
七味粉	適量	冷水	2 盆

蕎麥麵醬汁

醬油	3 大匙	清酒	1 大匙
味醂	2 大匙	冰水	12 大匙

Tips >>>

三道程序：過水清洗冰鎮，讓麵條更 Q 彈又清爽。

做法

1. 做溫泉蛋：1000cc 滾水加入 300cc 冷水，將雞蛋放入水中浸泡 7 分鐘。取出時以冷水浸泡中斷導熱。

2. 將切好的蔥花放進小碗中，撒上七味粉、擠點哇沙比在碗邊備用。

3. 將蕎麥麵醬汁調好，放進中碗裡備用。

4. 煮一鍋熱水，放入蕎麥麵煮熟。

5. 準備 2 盆乾淨的冷水。濾網撈出蕎麥麵後，馬上放入盆內搓洗，等水混濁後再撈出麵條至另一盆水中清洗。

6. 再準備 1 盆冰水，放入已洗過兩次的麵條，使之冷卻收縮。

7. 撈出蕎麥麵後，就可盛盤撒上海苔絲。

8. 把溫泉蛋打進醬汁碗中，品嚐時依喜好將蔥花和哇沙比放入醬汁碗中，完成。

蚵仔麵線

4 人份

　　在台灣，蚵仔麵線有分兩大門派，一種就是台北常見到的蚵仔麵線（或大腸麵線），另一種就叫麵線糊。差在哪裡？北港麵線糊並不是勾芡來達到糊狀，當地最道地的做法是花上大半個鐘頭不斷熬煮攪拌麵線，拌到麵線的澱粉完全釋出變稠，這才是正統，吃起來會特別順口。以前我不是特別喜歡吃麵線糊，直到某回到北港出外景，吃到當地正港的麵線糊才扭轉對這道小吃的印象。

食材

蚵仔	20 顆	柴魚片	1 小包
紅麵線	2 把	醬油	5 大匙
雞架子	3 付	蒜末	2 大匙
香菜	3 株	烏醋	6 大匙
太白粉	2 大匙	白胡椒粉	適量
薑片	6 片	清酒	適量

Tips >>>

嬌嫩的蚵仔先裹太白粉再入鍋。　　以湯匙背面輕輕攪拌，使每顆蚵仔均勻受熱。

做法

① 清洗蚵仔，直到每粒蚵仔沒有碎殼後濾乾備用。

② 煮一鍋熱水，水滾後先熄火，倒入適量清酒降溫。

③ 將每顆蚵仔先裹上薄薄的太白粉，再放入鍋中浸泡熱水，不需開火，並用湯匙背面緩緩攪拌。

④ 準備冷水，將燙熟的蚵仔撈出、放進去冷卻。留下汆燙蚵仔的熱水作為高湯底。

⑤ 將雞架子汆燙去腥。

⑥ 再準備 1 碗冷水先清掉紅麵線外層的澱粉，可多洗幾次直到清水不混濁，洗好後泡水備用。

⑦ 在壓力鍋中放入雞架子、汆燙蚵仔的熱水、2 大碗白開水、薑片，蓋上鍋蓋加熱至壓力閥彈起，轉小火加熱，使壓力閥保持升起狀態約 30 分鐘。

⑧ 熄火，濾出乾淨的雞湯，並撈掉多餘的油脂浮末備用。

⑨ 將柴魚片打成細粉，香菜切末備用。

⑩ 在湯鍋中倒入雞湯、紅麵線、適量柴魚粉、醬油，煮到沸騰。

⑪ 要不停攪拌，這能將麵線裡的澱粉煮出來、形成勾芡。同時可用剪刀稍微剪一下麵線，方便入口。

⑫ 煮好後盛碗，加入蒜末、烏醋，放入煮好的蚵仔，撒上香菜末、白胡椒粉，完成。

番茄酸辣炒麵

2 人份

　　醋能促進新陳代謝、增強抵抗力，是非常好的調味料，尤其是山西老陳醋，擺放時間長久，味道也更沉香有韻味。貴州有一道與「酸」有關的名菜「酸湯魚」，我去貴州工作期間常吃起酸來，吃多了甚至吃出想法，於是利用酸湯概念設計拌飯醬料——番茄酸辣醬，讓我在回台灣時能解解饞。這道麵食算是「老詹賣瓜」，用自己研發出來的醬料做道麵食，快速解決一餐。

食材

生麵條	2 球	番茄	1 顆	番茄酸辣醬	3 大匙	蒜末	1 大匙
去骨雞腿肉	1 隻	洋蔥	半顆	醬油	2 大匙	米酒	1 大匙
乾花菇	2 朵	香菜	2 株	白胡椒粉	適量	鹽巴	適量
豆芽菜	1 把	雞蛋	1 顆	沙拉油	6 大匙		

Tips >>>

1. 煮任何麵食首要關鍵是將湯頭煮出來，麵熟了下鍋拌炒一會兒即可。
2. 番茄富含 β- 胡蘿蔔素和茄紅素，得過油才能使之釋放。

做法

① 花菇泡水後去蒂切絲，番茄切片，洋蔥切絲，香菜切碎備用。

② 將雞蛋打散成蛋液備用。

③ 熱鍋後不加油，將雞腿肉皮面朝下入鍋乾煎，直至雞皮有點焦香後取出切成條狀備用。

④ 原鍋不需清洗，熱鍋後加入寬一點的沙拉油，把洋蔥放進來炒香。

⑤ 將雞肉條放入鍋中，炒香後放入番茄、花菇一起炒。

⑥ 這時下蒜末、番茄酸辣醬，開大火翻炒到散發香氣。

⑦ 加入適量的米酒、醬油、香菇水和鹽調味，以小火煨煮。

⑧ 另煮一鍋熱水，放入麵條煮到七分熟時，再將豆芽菜放進來。

⑨ 撈出麵條及豆芽菜，直接倒進炒鍋中。

⑩ 將麵條與醬料翻炒後，撈 1 大湯匙煮麵水入鍋煨煮。

⑪ 淋上蛋液再小煮一會兒，起鍋後撒上適量的白胡椒粉和香菜，完成。

麻油雞蛋麵線

1 人份

　　這是從我媽媽手上學到的第一道菜。其實我鮮少在外頭看過，後來發現我的主持夥伴夏于喬家的餐桌也有它的蹤影，一問才曉得，夏媽媽和我媽都是嘉義人，我事後猜想，麻油雞蛋麵線有可能是嘉義人特有的吃法。做法與食材都很簡單，麵線、麻油、雞蛋三元素備齊就能開伙了；喜歡薑味重一點可以將薑片焗得乾一些，擔心荷包蛋先煎後煮會太老，把油煎或入鍋滾煮時間縮短即可。

Tips >>>

雞蛋煎到八分熟左右撈起備用。

將鍋子傾斜使油積在鍋中一角，讓食材都接觸到油。

起鍋前再淋入米酒和枸杞即可盛盤。

食材

雞蛋	2 顆	枸杞	1 大匙
黑麻油	5 大匙	米酒	50cc
薑片	10 片	鹽巴	少許
手工麵線	1 把	水	1 大碗

做法

1. 以米酒泡開枸杞。

2. 熱鍋加入黑麻油潤鍋後，將雞蛋打入鍋中，撒上鹽，煎成荷包狀，蛋黃不用全熟即可取出備用。

3. 原鍋放入薑片焗香，倒入水煮滾。

4. 手工麵線帶有鹹味，快速用清水搓洗後，放入鍋中煮到麵條稍微發脹。

5. 放入荷包蛋煮滾片刻，倒入泡枸杞的米酒和枸杞，完成。

炒米粉

4 人份

　　大家都聽過我是新竹人，但若問我「正統炒米粉」怎麼做，我還真答不出來。畢竟家家戶戶的口味與料理步驟不盡相同，像我們家習慣先用紅蔥頭和蒜頭來煉蔥蒜油，待炒米粉起鍋後再淋上一匙點香。這道麵食非常推薦用豬油來做，當米粉吸飽了豬油香，油脂將每根米粉潤澤得飽滿多汁，吃進嘴裡也舒服。炒米粉時水不要一下加太多。最後得炒到米粉呈現乾爽狀再拌入油蔥酥。

Tips >>>

米粉燙好時請蓋住燜著，以維持口感。

紅蔥頭和蒜頭因受熱時間不一得先後入鍋。看到蒜粒變色就得馬上起鍋，以鍋中餘溫繼續提煉出蔥蒜香。

我偏好蔬菜要脆口，煨煮出醬汁後才放高麗菜。

食材

乾米粉	1 包	蒜末	1 大匙
豬油	半杯	醬油	3 大匙
五花肉絲	130 克	米酒	1 大匙
乾蝦米	1 大匙	白胡椒粉	適量
乾香菇	3 朵	水	半碗
高麗菜	5 片	鹽巴	適量
紅蔥頭末	4 顆		

做法

1. 將蝦米和香菇分開泡水，泡開後切碎，連香菇水和蝦米水備用。高麗菜切絲備用。

2. 煮一鍋滾水加入油和鹽後，再把米粉放入烹煮約 1 分鐘；撈起米粉放入碗中，蓋上鍋蓋或保鮮膜備用。

3. 熱鍋倒入豬油，放入紅蔥頭煸香，再放入蒜末煸香，稍微金黃色時即可取出。

4. 原鍋不需要放油，鍋熱後放入蝦米、香菇翻炒出香氣。

5. 放入肉絲和適量蒜油炒香後淋入醬油。

6. 倒入香菇水、蝦米水後，再倒入水煮滾。

7. 放入高麗菜，撒上白胡椒粉拌炒，再淋入米酒拌炒，加鹽調味。

8. 用剪刀大致剪過米粉後放入鍋中拌炒，倒入剩下的蔥蒜油和蔥蒜末炒至均勻，起鍋。

第 3 章

壓力鍋、燜燒罐、烤箱的

無油煙快速料理

如果從烹調的原理來看，做菜是一場時間跟溫度的賽跑，任何能提供熱源、加熱或保持一定溫度的工具，都可以拿來烹調食物。一般家庭最常見的就是明火瓦斯爐，在商業廚房裡，還包括蒸爐、專業烤箱，以及維持一定溫度的水浴舒肥機等，都是為廚師提供烹調所需熱源的重要工具。

工具好不好用，不在於價格高低或功能多寡，而是在操作者是否能理解食材由生到熟的原理。其實就算不靠熱源，部分食材也能靠著鹽跟酸來熟成，而加熱煮熟也未必一定要到攝氏100度沸騰，40～50度的溫度就足以煮熟部分食物，舒肥機的原理就是如此，當然家庭廚房有舒肥機的不多，這時便宜又容易取得的燜燒罐就可派上用場。

燜燒罐的好處是可以避免溫度在短時間內快速降低，透過長時間維持一定溫度的特性將食物煮熟，非常適合在家無法開伙、做菜時間又有限的上班族，出門前把食材處理好丟入燜燒罐，下班回到家將白飯回溫，便能立即享用熱騰騰的料理。

燜燒罐料理的最大誤區，就是以為把食材丟進去、再倒入滾水就好，有兩個原因會讓燜燒罐料理難吃到不行：一、食材本身是冷的，熱水沖進去後溫度瞬間被食材拉低，燜燒的溫度不夠；二、魚、肉類食材會有腥味，如果沒有事先做過處理，成菜的風味也不會好。

後面的食譜會提供兩道燜燒罐料理，共同的心法就是**先用一道滾水倒入罐內後倒掉，第二道滾水才開始燜燒食材，一則拉高食材的溫度，二則去除腥味**，只要掌握這一點，你也可以做出千變萬化的燜燒罐料理。

我常用的另一個工具是壓力鍋。我經常一大早起床先到廚房，把生米、蔬菜、肉絲等材料放進鍋裡開火，壓力閥上來後轉小火煮30分鐘，這時間我就可以輕輕鬆鬆的刷牙洗臉，把自己打理好的同時，一鍋綿密的鹹粥就可以上桌當早餐了。

壓力鍋因為能持續維持高溫狀態，能在很短的時間內把食物的味道抽出來濃縮在湯汁裡，只需要瓦斯爐1/4的時間；以前我為家人做一道牛肉麵，前前後後

要燉 10 個小時，現在只要 2 個小時內就搞定。我的牛肉麵會熬煮牛肉跟牛骨兩種湯頭，如果是簡易版，只用牛肉湯頭兌水稀釋就更快了，1 小時就能搞定。

壓力鍋的好處是快，但很多廚師認為這並不是正統的做菜方式，這是因為在高壓燜煮的情況下，食材裡的水分會快速被大量萃取出來，湯體較為混濁不夠清澈，跟真正長時間熬煮的湯汁相比不夠濃重，但這缺點也並非無解，只要再用瓦斯爐持續加熱、蒸發掉部分水分，就可達到收汁、濃縮的效果。

除了做菜，我非常推薦使用壓力鍋煮飯，不論是電子鍋、陶鍋或鑄鐵鍋，在速度上都比不上壓力鍋，**只要壓力閥跳上來後轉小火 7 分鐘就好**，記得因為壓力鍋是密封狀態，內部水分不會蒸發，水分要略少，**通常米和水的比例是 1 杯米兌上 0.9 ～ 1 杯水**，米飯的口感才不會太軟爛。

多數家庭都有的電鍋也可當作快手料理工具，當年在日本留學，獨居時多半是用電鍋來做菜，它的加熱邏輯跟蒸爐差不多，利用水蒸氣把飯炊熟，當然也能煮熟其他食材，只要把熟成時間差不多的食材組合在一起，就能用一鍋煮的概念，做出類似燉飯效果的雞翅煲飯。

最後我想講一下一般家庭比較陌生的烤箱菜，烤箱也是好用的快手工具，同樣是丟進去就不太需要管了，**但它還有另一個好處，就是可以一爐多菜**，好比說烤牛小排時放一些蔬菜在旁邊，烤好後把油脂、湯汁跟蔬菜一起打成醬汁使用；或是用網架放上層烤雞腿，下層放烤蔬菜，烤的過程中流出來的雞汁跟雞油就是最好的調味。

大烤箱優點是容量大、間距寬，電熱管不會直火烘烤食材，烤焦的機率不高，但也因此需要拉長烘烤時間與預熱動作，才能達到足夠的熱度；但小烤箱也有優點，體積小、溫度上升快，可以更迅速烤熟食物，缺點是容易烤焦，只要記得焗烤時蓋一張鋁箔紙，阻隔熱源直接照射，就可達到類似大烤箱的效果。下回別再只用小烤箱烤麵包了，試試我的烤箱菜，你會喜歡的。

牛腩燴飯

關鍵工具 壓力鍋　1-3 人份

　　因為是燉煮料理,處理食材時不需太在意刀工,只是採買到的牛肋條往往粗細不同,在切塊時得注意大小均一,熟成速度才會一致。牛肋條富含油脂,熱鍋乾煎就很棒,不用再額外加油。這兩個重點都有做到位,燉煮出來的牛腩湯汁就香氣充足。如果用鑄鐵鍋燉煮,滾了以後再以中小火燉煮 1 小時;如使用壓力鍋,等壓力閥一升起就轉中小火,保持壓力閥上升狀態約 25 分鐘,就能熄火準備上桌了。這也是一道很棒的便當菜,我以前很常做給女兒吃。加點番茄醬的口味適合喜歡酸香味的朋友,吃起來會有截然不同的風味,如果不喜歡也可省略。

食材

牛腩(肋條)	1 包	八角	2 顆
紅蘿蔔	1 根	醬油	100cc
白蘿蔔	1 根	黑胡椒粉	1 小匙
洋蔥	半顆	白胡椒粉	1 小匙
蒜頭1大顆(整球不剝開)		番茄醬	半大匙
小番茄	5-6 顆	太白粉	1 大匙
冰糖	1 大匙	白飯 (依人數決定份量)	
月桂葉	3 片		

Tips >>>

牛肋塊一定要稍微煎過,香氣才有層次。

如不喜歡太白粉勾芡,改用米飯打成米漿勾芡也行。

做法

1. 白蘿蔔與紅蘿蔔的比例大概 2:1,切塊備用。

2. 洋蔥、牛肋條切塊,大小盡量一致。

3. 壓力鍋熱鍋後不放油,直接放入牛肋塊乾煎至變色。

4. 加入洋蔥拌炒,加入冰糖或砂糖拌炒。

5. 放入月桂葉、八角、蒜頭繼續拌炒。

6. 當八角香氣出來後,放入紅白蘿蔔、小番茄、醬油、番茄醬、黑胡椒和白胡椒粉稍微拌炒。

7. 倒入清水,約蓋過食材的五分之四,蓋上鍋蓋開火,等壓力閥上升,改用中小火煨煮 25 分鐘即可熄火(如果是鑄鐵鍋大約需燉煮 1 小時)。

8. 等壓力閥下降開鍋蓋,起鍋前將太白粉兌水調芡汁,將牛腩勾薄芡即可淋上白飯。

陽明山牛肉拌麵

關鍵工具 ▸ 壓力鍋

4 人份

　　我剛開店的時候，很常跑到陽明山上吃這道菜牛肉拌麵。為什麼會知道這家店？那時我有名員工剛好是華崗藝校的學生，他跟我說陽明山有一家牛肉拌麵非常好吃。所以我就騎著摩托車上山，依照他的描述去找，還真讓我找到了這家店！吃過後我就變老主顧，那味道啊，到現在還記憶猶新，倒也不是找不到其他家好吃的拌麵，而是現在工作忙，已經少有閒暇空檔可以騎著車在台北的巷弄裡鑽來鑽去探訪小吃美食。認真說起來，以前那種探險尋寶的感覺還真是開心啊！

食材

牛腱肉	2 斤	薑片	8 片	米酒	20cc
青江菜	2 株	蔥	3 株	醬油	80cc
香菜	2 株	蒜頭	5-6 顆	水	3 大碗
蒜泥	4 小匙	月桂葉	4-5 片	鹽巴	適量
麵條	4 把	黑糖	2 塊	橄欖油	適量

滷包

茴香	2 大匙
桂皮	1 枝
八角	1 顆

Tips ▸▸▸

牛腱肉煎過、以薑蒜煮過的滷汁，都可以達到提味和去腥的效果。

做法

① 蔥切大段、蒜拍碎、香菜切末備用。

② 將腱子肉大致切分成條狀備用。

③ 炒鍋熱鍋後放入腱子肉，煎到表面上色後，放進壓力鍋中備用。

④ 原鍋加入橄欖油，放入薑片、月桂葉、蒜頭、蔥段爆香，倒入米酒、醬油、水、黑糖煮至沸騰，將高湯倒入壓力鍋中。

⑤ 在壓力鍋中放進滷包，蓋上鍋蓋，加熱至壓力閥彈起來，轉小火使壓力閥保持升起狀態約 30 分鐘。

⑥ 將煮好的腱子肉取出放涼後切成小塊備用。

⑦ 另起一鍋熱水，加入少量鹽巴後再放入麵條，也可和青江菜一起放進去煮。煮好後撈出備用。

⑧ 將滷汁舀入麵碗中，加入 1 小匙蒜泥。

⑨ 將煮好的麵放入麵碗，擺上青江菜、腱子肉，撒上香菜，完成。

簡易牛肉麵

關鍵工具 ▶ 壓力鍋

2 人份

平常我在家裡做的牛肉麵，得將肉滷得入味軟嫩，但我通常會另外再熬煮一鍋牛骨湯，最後再以高湯跟滷汁兌成牛肉湯，只不過這一整套煮下來，3、4 個小時跑不掉。改用壓力鍋高壓燜煮，只要加熱 20 分鐘就等於是瓦斯爐燜煮的 1 個半小時，可以幫忙碌的主婦們省下許多時間。我稍微濃縮了傳統牛肉麵的做法，也許有些步驟和你想像中的不太一樣，像是滷牛肉的滷汁加了較重的醬油，這是因為要讓滷汁兌水直到我們可以接受的鹹度，成為現成的湯頭。雖然縮減了步驟與程序，不過成品的味道絕對不輸外面賣的唷！

食材

牛肋條	400 克	紅辣椒	1 條
蒜頭 1 大顆（整球熬湯不剝開）		糖	1 大匙
蒜末	1 小匙	醬油	150cc
番茄	1 顆	麵條	2 把
蔥白	1 株	熱水	800-1000cc
酸菜	2 片	沙拉油	適量
老薑	1 節	鹽巴	適量

滷包

桂皮	半片
八角	1 顆
月桂葉	3 片
茴香	半大匙

做法

① 壓力鍋開中火，放入牛肋條、蒜頭、番茄、蔥白、半條辣椒、拍過的老薑、滷包。

② 直接在鍋內炒香後加入糖、醬油、熱水。

③ 蓋上鍋蓋後以大火加熱至壓力閥彈起來，轉中小火使壓力閥保持升起約 25 分鐘。

④ 另外熱炒鍋，倒入沙拉油，加辣椒、酸菜絲，以及少許蒜末拌炒至散發香氣，起鍋備用。

⑤ 煮一鍋熱水，加入適量的鹽，放入乾麵條煮熟後備用。

⑥ 打開壓力鍋，取出牛肋條切塊備用。

⑦ 在滷汁中加入適量的開水調整鹹度，並以大火煮滾。

⑧ 將牛肉湯倒進盛麵的碗裡，鋪上牛肉和酸菜，完成。

Tips ...

滷包的基本香料有桂皮、八角、月桂葉和茴香，可以照個人口味調整比例。

酸菜要先斜切片成至適當大小再切絲，煮起來鹹度才會一致。

用筷子插入可輕鬆穿透過去，代表肉已經軟了。

清燉羊肉湯

關鍵工具　壓力鍋　　**4** 人份

我曾經在新疆天山見過現場宰殺的大尾羊，當地人扒下羊皮後讓我們聞聞羊肉身上的油脂味，不羶且氣味就跟市售的綿羊油一樣，甚至還點淡淡香味。而我們平時購買羊肉時，因為運送途中保鮮不夠，羊肉與空氣接觸後使肉質表層氧化，時間久了便造成令很多人害怕的羶腥味。要去除羶味，可以利用廚房紙巾擦拭羊肉表層後再清洗；若覺得不夠，在擦乾羊肉表面水分後入鍋乾煎使油脂逼出，也能減少討人厭的羶味。不過最簡單、直接的辦法，就是在採買時盡量挑選當地或現宰的羊肉。

── 食材 ──

羊膝	2 大隻（約 1 公斤）	鹽巴	適量
白蘿蔔	1 條	白胡椒粉	適量
香菜	2-3 株	熱開水	蓋過食材
蔥	2 株	沙拉油	適量
老薑	1 節		

── 滷包 ──

甘草	6 片	丁香	3 顆
茴香	1 大匙	八角	1 顆
月桂葉	4 片	肉桂棒	1/6 枝

── 做法 ──

1. 以廚房紙巾將羊肉外層擦拭過，以水清洗，洗完再以廚房紙巾擦乾表面水分。

2. 放入滾水中汆燙，當水回滾就撈起羊肉，洗淨擦乾備用。

3. 香菜莖切下，香菜葉切末備用；薑以刀背拍鬆備用。

4. 熱鍋後轉中火，加入沙拉油，放入羊膝煸炒，將兩面煎至表面焦香、散發香氣。

5. 準備壓力鍋，放入薑段、羊肉、蔥，倒入乾淨的熱水蓋過羊膝。

6. 放入滷包、香菜莖、撒上白胡椒粉，蓋上鍋蓋加熱至壓力閥彈起，以小火加熱，壓力閥保持升起約 40 分鐘後先熄火。

7. 同時間將白蘿蔔去皮切大塊。

8. 將白蘿蔔放入壓力鍋中，蓋上鍋蓋，繼續加熱至壓力閥彈起，轉小火使壓力閥保持升起，再煮約 10 分鐘。

9. 打開鍋蓋，加入鹽巴及白胡椒粉提味，另以砂鍋或其他大碗公盛裝，撒上蔥花、香菜，完成。

Tips >>>

1. 台灣羊小腿尺寸較小且好處理。若擦拭血水和煎過後仍有羶味，可以在湯裡多加些白胡椒粉去腥。

2. 壓力鍋烹煮節省時間，改用瓦斯爐燉煮的湯頭較為清澄，不過得花上 3 個多小時細火慢燉。

滷包中的材料，可視個人偏好調整
份量。

用雙手像擰抹布般擰過蔥枝，熬煮時
較容易釋放蔥枝裡的烯丙基硫醚。

孜然番茄羊肉粥

關鍵工具 > 壓力鍋　4人份

　　我習慣在早餐時吃碗熱粥，補充身體水分也讓整個人醒過來。有了壓力鍋後，只要起床後將食材都放進鍋裡，盥洗完粥也燉得差不多了。有天我打開冰箱看到番茄，腦海裡浮現在中國出外景時嚐過的新疆番茄雞蛋炒羊肉，那滋味真令人回味無窮啊！當下憑藉著味覺記憶，加上廚房裡備有的孜然粉，突發奇想把這道菜變成一道粥品，結果還真讓我試成功了。

　　這道粥品在外頭絕對沒人賣，我自己也在試做一次後就愛上了，每當想起新疆都會煮一鍋來嚐嚐。熬到白透糊爛的白粥裡，有著蔬菜與番茄的清甜，還有大漠裡的孜然香氣，吃進嘴時整個人都暖起來了。偏好綿稠口感的朋友，可以等壓力閥降下後再開鍋；若喜歡粒粒分明的口感，時間過半就可以打開壓力閥。

食材

去皮羊肉	100 克	生米	1 杯
孜然粉	1 大匙	白胡椒粉	1 小匙
番茄	1 顆	鹽巴	1 小匙
洋蔥	半顆	醬油	3 大匙
香菜	1 株	香油	3 大匙
高麗菜	4-5 片		

Tips >>>

煮粥時米水比例為 1：5。記得加入醬油勾出食材的香味。

壓力鍋很容易將番茄丁熬煮到化掉，不如整顆放入在起鍋前搗碎即可。

做法

① 高麗菜切小片、洋蔥切丁、香菜切末備用。

② 將羊肉放到料理機打成羊絞肉。

③ 準備壓力鍋，放入生米、整顆番茄、洋蔥丁、高麗菜丁放入壓力鍋。

④ 加入熱水淹過米 2 公分，加入羊絞肉、孜然粉、白胡椒粉、鹽、香油調味，加入醬油添色。

⑤ 蓋上壓力鍋蓋，加熱至壓力閥彈起後，維持壓力閥彈起狀態以小火煮 20 分鐘，熄火。

⑥ 攪拌後即可盛碗，撒上香菜，再補一點白胡椒粉，完成。

詹家滷豬腳

關鍵工具　壓力鍋　4 人份

　　這道菜對我來說別具意義，硬要取名的話我會叫它「詹家滷豬腳」，因為這是屬於我媽媽的味道。以前在溫哥華唸書想家時，嘴裡總想嚐嚐媽媽滷的豬腳，因為太想吃到，在沒有網路的年代，索性跟詹媽媽用電話和傳真，遠距手把手的學了這道料理。現在每當想起詹媽，我就會再做這道豬腳。

　　詹媽的滷豬腳會將外皮先煎到黃金帶點焦色，這個步驟能讓完成品增添香氣；此外有不少食譜可能會用可樂、蘋果西打等碳酸飲料代替糖，不過我還是依照詹媽教我的方子，吃得安心，味道也更自然。如果不用壓力鍋改用瓦斯爐，約莫需要用小火燉滷 1 個半小時。如果偏好濃郁醬汁，可以先取出豬腳再繼續熬煮醬汁、煮去一些水分。

食材

豬腳	1 隻	白糖（或黑糖）	1 大匙
八角	2 顆	醬油	50cc
桂皮	半枝	米酒	20cc
紅蔥頭	5 顆	蠔油	3 大匙
蒜頭 2 大顆（整球熬湯不剝開）		沙拉油	適量
紅辣椒	3 條	水	2 大碗
蔥	2 株		

做法

1. 炒鍋熱鍋後不需放油，放進切塊的豬腳煎到外皮上色。

2. 加入白糖（黑糖也可）拌炒，使豬皮上色，再將豬腳放入壓力鍋。

3. 原炒鍋加入沙拉油，將桂皮、辣椒、八角、紅蔥頭、蒜頭、蔥放進來拌炒。

4. 當蔥香味出來後，沿著鍋邊淋入醬油、米酒嗆香。

5. 加入蠔油和水煨煮，同時試一下鹹度，約莫是喝湯時的鹹度即可。

6. 將鍋內醬汁倒入壓力鍋，蓋上鍋蓋以大火加熱至壓力閥彈起來，轉中小火使壓力閥保持升起約 30 分鐘，即可熄火。

Tips >>>

豬腳乾煎後再滷，肉質較不易軟爛鬆散。

肉骨茶

關鍵工具　壓力鍋　　**3** 人份

最早的肉骨茶是從中國福建傳出去的，現在成了馬來西亞華人早餐的必吃餐點。而「肉骨茶」這道菜名呢，是要分開看的，肉骨是指豬肉帶骨的部位；茶有兩個説法：一是「鄭」字的福建話唸法，另一個則是吃肉骨茶時都會配上一壺茶。這個做法口味比較像我在新加坡吃到的味道，放了大量的白胡椒粒，這能幫助我們體內的氣血順暢一些，天氣熱的時候吃一碗，可讓血液循環和代謝變得比較好。

食材

豬肋排	10 根	鹽巴	適量
蒜頭 2 大顆（整球熬湯不剝開）		魚露	1 大匙
枸杞	1 大匙	白胡椒粒	2 大匙

滷包

桂皮	1 枝	桂圓乾	2 塊
丁香	5 粒	月桂葉	2 片
八角	2 粒		

做法

1. 燒一鍋熱水汆燙豬肋排，當水回滾時，撈出肋排放進冷水裡洗乾淨。

2. 把瀝乾的豬肋排放入壓力鍋中，加入高出肉一倍高度的白開水；放入滷包，加入白胡椒粒、魚露、蒜頭。

3. 以大火加熱至壓力閥彈起，轉中小火使壓力閥保持升起約 20 分鐘；可用筷子稍微刺穿，測試有沒有熟透。

4. 將豬肋骨及湯汁撈出放入小砂鍋中，再加入枸杞稍微加熱。

5. 湯滾後看個人口味補點鹽巴，完成。

Tips >>>

肉骨茶滷包的材料有桂皮、丁香、八角、桂圓乾、月桂葉。

骨頭邊的血漬是腥味的來源，清洗時一定要仔細。

快手版香菇雞肉飯

關鍵工具 ▶ 壓力鍋

2 人份

　　不少粉絲都知道我的早餐一定要吃中式的，我總覺得煎蛋吐司是外國人吃的；所以我的早餐往往以米飯類居多，其中又以稀飯最常見。有一回我臨時想吃飯又懶得煮菜，索性自己改造上海菜飯，食材換成雞肉和香菇，做出這道

有菜也有肉，只需要 5 分鐘就能涵蓋所有營養的快手米飯。記得水分的多寡會影響米粒膨脹的程度；想煮成乾飯，水分只要蓋過米粒約 1 公分即可。

食材

去骨去皮雞腿	1 隻	乾香菇	10-15 朵
金華火腿	適量	鹽巴	適量
青江菜	2 束	白胡椒粉	適量
生米	1 杯半	沙拉油	適量

Tips >>>
如果在燜煮過程中壓力閥掉下來，表示溫度不夠需要再次開火加熱。

做法

1. 雞腿切丁，放入滾水鍋中汆燙 30 秒，再以冷水沖洗去腥。乾香菇泡水。

2. 金華火腿切小丁，青江菜切小段。

3. 在壓力鍋中放入生米，稍微鋪平。

4. 加入清水，約蓋過米粒 1 公分左右。可倒入適量香菇水增加香氣。

5. 加入雞肉丁、火腿丁、香菇、青江菜，並以鹽巴調味。

6. 加入沙拉油增加米飯的光澤，加入白胡椒粉調味，蓋上鍋蓋。

7. 開大火，等壓力閥彈起來，再轉小火使壓力閥保持升起約 5 分鐘。關火後再燜 4 至 5 分鐘即可。

皮蛋香菜鍋底

關鍵工具　**壓力鍋**

4 人份

　　皮蛋又被外國人稱作「thousand-year egg」，這是一種外國人幾乎沒看過、而且也難以理解的食物。坦白說，我自己也是花了很長一段時間才敢吃。小時候吃過的雞蛋、鴨蛋、鵪鶉蛋，把殼剝開裡面都是白的，有天長輩拿顆沒剝殼的蛋，一剝開看見裡頭那黑鴉鴉的顏色，完全顛覆我對「蛋」的印象，嚇都嚇死！

　　一般皮蛋料理多是油炸或涼拌，這次我想拿它來當鍋底，沒聽過吧！年輕時在溫哥華一間香港人開的餐廳吃到皮蛋鍋底，意外鮮甜順口；皮蛋中的豐富蛋白質經過熬煮後，完全能取代味精，這也是皮蛋瘦肉粥會這麼鮮香甜的原因啦！

食材

雞架子	2 付
皮蛋	3 顆
香菜	8-10 株
薑片	10 片
鹽巴	適量

做法

1. 將雞架子剁成小塊，放入滾水中汆燙去腥。

2. 將汆燙好的雞架子放入壓力鍋中，加入蓋過食材的水、薑片去腥；蓋上蓋子，加熱至壓力閥彈起來，轉小火，使壓力閥保持升起狀態約 25 分鐘。

3. 砂鍋在冷鍋時放入切塊的皮蛋，將煮好的雞高湯濾到砂鍋中，依自己的喜好加入鹽巴調味。

4. 把湯煮滾，再放香菜熬煮，當再次煮滾時，鍋底就完成了。可再挑選喜歡的食材涮來吃。

Tips ⟩⟩⟩

1. 熬湯不一定要用雞架子，豬骨也可以。
2. 香菜跟九層塔等含有精油類的蔬菜，是提味的用的，如太早入鍋烹煮味道會喪失掉。

豉油雞

關鍵工具　電子鍋　

2 人份

　　玫瑰露是用玫瑰花瓣浸泡白酒所釀造的一種露酒，香港人做的正宗叉燒常用到這種佐料，只要一點點的份量就能讓食材上色上味，頗有畫龍點睛的效果，拿來醃豬肉、煮豉油雞等滷水菜也很方便。這次我用玫瑰露取代一般滷汁常用的醬油，將辛香料爆香後再放進電子鍋中燜煮，滷出來的雞肉會有更飽足的香氣。因為半隻雞的體積跟厚度都比較大，只煮一面的話恐怕沒辦法煮透，煮到一半時需翻面再小小燜煮；在翻面進行第二次燜煮時，讓雞皮面朝下，好讓濃縮的滷汁與玫瑰露將雞皮煮得油亮油亮。

食材

雞	半隻
蔥段	3-4 株
薑片	9-10 片
糖	2 大匙
沙拉油	適量

醬汁

蒸魚豉油	5 大匙
老抽	1 大匙
白胡椒粉	1 小匙
水	2 大匙
米酒	2 大匙
玫瑰露	適量

做法

1. 熱鍋加入沙拉油。放入薑片、蔥段，將香氣逼出來。

2. 倒入調好的醬汁，並加入糖攪拌至融化，熄火。

3. 將雞肉的雞皮朝上，放入電子鍋的內鍋後，倒入醬汁煮 15 分鐘，開蓋翻面再煮 15 分鐘。

4. 雞肉取出盛盤，淋上醬汁。完成。

香菇肉燥

關鍵工具 ▶ 電子鍋

4 人份

　　我吃飯總是習慣舀些湯汁拌在飯裡，一來讓飯比較不那麼乾，二來這樣的米飯嚼起來口感跟滋味也豐富有趣得多。吃飯時，若餐桌上有一鍋肉燥，那絕對是再好不過了。這道香菇肉燥很耐放，做成常備菜能替主婦們省下不少時間，我常戲稱這道也是媽媽們的萬用救急菜，不論是拌飯吃或是下麵來當乾拌麵的滷汁，都很適合。我自己呢，比較喜歡帶有口感與嚼勁的肉燥，在採買絞肉時會特別請肉販配成瘦肉 8、肥肉 2 的比例；大家可以試試看，這種比例煮成的肉燥，沒有外頭賣的油膩，會帶點清爽的口感。

食材

乾鈕扣菇	20 朵	白胡椒粉	3 小匙
豬絞肉	350 克	蒜末	3 大匙
糖	2 小匙	油蔥酥	2 大匙
米酒	3 大匙	五香粉	1 小匙
醬油	80cc	香菇水	350cc

做法

① 香菇泡水備用。

② 把絞肉放進電子內鍋，加入蒜末、香菇、油蔥酥、白胡椒粉、五香粉、醬油、米酒、糖攪拌。

③ 加入香菇水蓋過絞肉，將之攪散。

④ 用電子鍋燉煮約 30 分鐘，用湯匙將肉燥攪散，完成。

Tips >>>

在放進電子鍋前，得確實把絞肉與食材拌勻，烹煮後才不會結塊。

以五香、白胡椒粉先醃肉來壓過腥味；約半斤的豬肉加上 6 大匙醬油，等出鍋時可再調整鹹味。

出鍋前用湯匙將絞肉拌開。

雞翅煲飯

關鍵工具　電子鍋　4 人份

　　我到日本的廚藝學校唸書的頭兩年，學校陸續教授的料理，我回到租屋處總會勤於練習，課上久了，對做菜技巧和烹煮原理懂的多了，有時懶得開爐用火，就會改用電子鍋來做菜，完成後拿出內鍋，乾脆窩在電視機前抱著整鍋扒著吃，對我來說省下不少洗碗時間。

　　相較於當年，現在的電子鍋功能實在多太多，只能說科技的進步始終來自人類的惰性

啊！一般做煲飯的米水比為 1：1.2，白米飯的米水比約為 1：1，不過這一道因為食材有會出水的蔬菜，所以米水比例只要 1：0.8。如果喜歡乾爽一點的飯，水分可再減少。雞翅裡的油脂可潤澤米飯，馬鈴薯的澱粉增加飯的黏稠感，整顆番茄最後搗爛可提升濕潤度，使整體口感接近西班牙的燉飯。

食材

三節翅	3 隻	小顆馬鈴薯	1 顆
生米	2 杯	新鮮黑木耳	3-4 朵
番茄	1 顆	青江菜	2-3 株

醃料

蠔油	1 大匙
醬油	2 大匙
白胡椒粉	1 小匙
鹽巴	適量
孜然粉	適量

煮飯湯汁

水 + 香菇水	360cc
醬油	3 大匙
香油	1 大匙
孜然粉	1 大匙
鹽巴	適量

做法

1. 將三節翅切成單節，以醃料醬汁醃入味。

2. 馬鈴薯切絲、黑木耳切絲、青江菜切絲。

3. 將洗好的米濾乾水分，放入青江菜、馬鈴薯、黑木耳、整顆番茄，鋪上雞翅，淋入煮飯湯汁，放入電子鍋按開關烹煮。

4. 電子鍋跳起後取出內鍋，把雞翅先夾出。

5. 用飯匙將番茄搗碎，並與鍋中食材拌勻。

6. 將飯盛盤並擺上雞翅，完成。

Tips >>>

將三節翅切成單節，受熱
會比較均勻，擺盤時也比
較好看。

容易出水的食材，像是蔬菜
等先擺下層。

雞翅在受熱的過程中，雞汁
會往下流，所以鋪在最上
面。倒進煮飯的湯汁就能送
進電子鍋了。

利用番茄汁來浸潤米飯，增
加飯粒的層次感。

花菇 TAPAS

關鍵工具 ▶ 烤箱

2 人份

Tapas 是一種西班牙小餅，以麵包襯底再加上莎莎醬。這次我改用新鮮花菇，若不好買到也可以用新鮮香菇取代，特別注意選購時挑厚實且尺寸一致的。一般從木頭中剛長出來一顆顆圓圓、小小的稱之「圓菇」；擺著等它長大，就會是「花菇」了；若不在黃金採收期摘下，等它再長大到菌摺都撐開撐平，就是「平菇」，售價也就相對便宜許多。培養菌種的木頭也有分別，以椴木來種稱為椴木菇。菇農將菌打進木頭裡，使之長出香菇，菇類是不含農藥的。

食材

新鮮花菇	5 朵	蒜末	3 小匙
牛番茄	1 顆	鹽巴	適量
奶油塊	半條	粗粒黑胡椒	適量
洋蔥	半顆	巴薩米克醋膏	適量
香菜	3 株	味醂	1 大匙
鹽醃火腿	2 大片	醬油	2 大匙
紅辣椒	半條	橄欖油	5 大匙

做法

1. 烤箱上下火以 220 度預熱 5 分鐘。

2. 製作莎莎醬：將番茄、洋蔥、紅辣椒、香菜切碎放入碗中，加入 2 大匙橄欖油、適量鹽巴、黑胡椒、1 小匙蒜末均勻備用。

3. 另外將味醂和醬油以 1：2 的比例調醬汁備用。

4. 香菇去蒂，以菌摺面朝上放在烤盤上。將奶油切成數小塊後，擺在菌摺面；每顆香菇再淋上半大匙的醬汁、適量蒜末。

5. 送入烤箱以 250 度烘烤 5 分鐘。

6. 煎鍋熱鍋加入適量橄欖油，放入火腿煎一下，增加香氣；煎到火腿還有點油滋滋的，就可以取出切片備用。

7. 取出烤好的香菇，填入拌好的莎莎醬，最後淋上少許的橄欖油、巴薩米克醋膏，放上火腿片，完成。

Tips >>>

多餘的莎莎醬可作為玉米餅的沾料。

將奶油放進香菇的菌摺面，烘烤時也讓香菇吸飽動物性油脂的氣味。

利用油煎過的鹽醃火腿來增加 Tapas 的口感變化。

隨意蛋塔

關鍵工具 > 烤箱

5 人份

我用義式烘蛋的概念結合烤箱來做，可以省下顧爐火的時間，口感上比較接近鹹的馬芬蛋糕。先將雞肉煎至半生熟後，切成接近骰子般的大小（與其他食材烘烤時才會熟透）。除了滿滿的蛋白質，洋蔥、番茄、菠菜都營養豐富，在等待烤箱加熱的時間，我可以自在的去盥洗或更衣，這是除了壓力鍋我很常在早上使用的廚房小家電，蛋塔也是我們家滿常出現的早餐。

———— 食材 ————

去骨雞腿肉	1 隻	菠菜	1 株
洋蔥	1/4 顆	起司絲	1 杯
紅辣椒	2 條	黑胡椒粉	適量
番茄	1 顆	鹽巴	適量
雞蛋	4 顆	橄欖油	適量

Tips >>>

將雞腿排的雞皮面煎出酥脆度，再與蛋液一起烘烤，整體口感會更有層次。

烤盤抹油，以方便脫膜。

———— 做法 ————

1. 烤箱以 200 度預熱 5 分鐘。

2. 熱鍋不需放油，將去骨雞腿皮朝下入鍋，乾煎至香脆，出油後取出切丁，約骰子大小。

3. 洋蔥、辣椒、番茄切丁，菠菜切小段備用。

4. 原鍋不放油，直接將雞肉丁、洋蔥丁、辣椒丁、番茄丁、菠菜放進來炒過。

5. 撒點鹽和黑胡椒調味，可以調味重一點，因為待會還有蛋液。

6. 將鍋中的炒料倒進大碗裡，打入雞蛋、麵粉、起司絲後攪拌均勻。

7. 準備瑪芬烤盤，每一格均勻抹上橄欖油。

8. 倒入拌好的材料約八分滿，撒上起司絲。

9. 送進烤箱，以 200 度烘烤 10 到 15 分鐘，完成。

香菇辣椒雞湯

關鍵工具 ▶ 燜燒罐

4 人份

剝皮辣椒是我很愛的食物之一。我這個人對早餐很執著，非中式不可，喜歡在剛起床後吃點白粥，搭配各種醬瓜、麵筋和筍子，還有豆腐乳或剝皮辣椒這兩樣必備的配菜。我總覺得睡了一晚，身體整整 6、7 個小時沒有攝取水分，吃點粥，會讓整個人都滋潤了起來。

利用剝皮辣椒可讓燜燒罐雞湯多些變化，考量到燜燒罐內的溫度會隨時間遞減，可以去除雞皮和雞油，讓雞湯少些油膩感；一般煮剝皮辣椒雞，會加入香菇水和剝皮辣椒湯汁來提味，但這不適用於燜燒罐，因為這些液體多是冷的，與滾水同時倒進罐中會拉低杯裡溫度，很容易做出失敗、沒熟透的雞肉。

食材

去骨雞腿	1 隻
剝皮辣椒	4 條
乾香菇	5 朵
薑片	3-4 片
鹽巴	適量

做法

1. 將滾水倒入燜燒罐，預熱。

2. 雞肉切成約 1 公分的塊狀備用。香菇擠乾水分後對切，剝皮辣椒切段備用。

3. 倒出罐裡的熱水，放入雞肉、香菇、薑片和剝皮辣椒，再倒進滾水。

4. 蓋上杯蓋，將燜燒罐倒置 1 至 2 分鐘，重複這個動作約二至三回，讓食材均勻受熱。食材預熱完後，將水濾出。

5. 放入適量的鹽巴調味，再次倒進滾水蓋過食材，緊閉杯口後，靜置燜著 4 個鐘頭即完成。

Tips >>>

1. 燜燒的過程中絕不能搖晃燜燒罐，以防裡頭熱氣在開蓋時爆裂。
2. 打開燜燒罐蓋時，先稍微轉鬆杯口，觀察裡面的蒸氣有沒有先釋出會比較安全。

味噌鱈魚

關鍵工具 ▶ 燜燒罐　　1人份

燜燒罐料理最適合租屋族和小資族的,除了燜粥、燜雞湯,也能用來做菜。我選用肉質細緻的鱈魚排,搭配有助消除魚腥味的紅味噌。先將鱈魚切成均等的尺寸,和薑蔥一同放入燜燒罐裡,過一次熱水當作汆燙去腥。食材大約佔燜燒罐的六、七分滿是最適合的,再多有可能燜不熟。除了預先溫罐,如果是冰過的食物,入罐後先過一次熱水後倒掉,也能拉高平均溫度。

食材

鱈魚	400 克
蔥	3 株
薑片	5 片
蔥花	適量

醬汁

醬油	3 大匙
味醂	2 大匙
清酒	1 大匙
紅味噌	1 大匙
糖	2 小匙

做法

1. 將滾水倒入燜燒罐,預熱。

2. 將鱈魚邊角的魚鱗刮乾淨,擦乾後切小塊備用。蔥白切成段、蔥綠切末備用。

3. 倒出罐中的熱水,放入鱈魚、蔥白、薑,再將滾水倒入杯中蓋過鱈魚,浸泡約 1 至 2 分鐘,記得上下倒置燜燒罐,分散杯中的魚肉。倒掉水分,去除腥味。

4. 準備小碗,將醬汁中的材料攪拌均勻,倒入燜燒罐。

5. 注入滾水蓋過鱈魚,蓋上杯蓋燜 2 小時後倒出,撒上蔥花,完成。

Tips >>>

切塊時得注意尺寸,大小均一受熱才會均勻。

先將魚肉和蔥薑過一次熱水去腥,並先預熱。

使用燜燒罐的重要前置步驟:先預熱提高杯中溫度。水一定要滾燙且蓋過食材。醬汁也要先調勻才倒入。

第 4 章

堆疊的藝術

如何突出一道菜的

高級風味

我們常說「食材無味使之入味，食材有味使之出味」，這兩句話其實總括了做菜的核心，所有料理技法的目的，不外乎是把食材的味道抽出來，或把外來的味道加進去，只要彼此之間能和諧交融，就一定會是一道好吃的料理。

一般人總以為快手料理的味道不如小火慢燉，其實要讓一道菜好吃，關鍵不在時間，而是你如何把味道加進去，最常見的是「堆疊」，但要知道哪些東西堆起來會好吃而不至於奇怪，基本功只能多吃，透過經驗法則累積味蕾對食物味道的資料庫，只要味道的搭配是對的，就算烹調時間很短也能達到好吃的目的。

風味的堆疊大部分是用加法，也就是把味道一層一層的加上去，但做菜有時也需要減法，做菜前除了要想「加什麼味道」，也要想「減什麼味道」，把不好的風味抽出來，最常見的就是魚或肉的腥味。我常教大家「**快速鹽醃去腥法**」，在肉類或魚肉表面撒鹽靜置片刻，讓組織液滲出後再用廚房紙巾吸乾，可去除表層的腥味。除了鹽醃，如果你想讓牛排吃起來更甜，可以拿掉保鮮膜放進冰箱冷藏，**把冰箱當作除濕機吸掉肉質裡的水分，使肉味更為濃縮。**

減法不只能用在魚跟肉上，後面有一道食譜是我很愛在家做的快手菜「厚煎秋葵蛋」，先用鹽搓秋葵就是減法，除了可以去除表面的絨毛讓口感變好外，還可以減掉一點表面的生味。

加法的技法很多，上一本書我告訴大家高湯、醬汁、煉油、發酵物、香料等幾大關鍵，當你有了堆疊風味的基本觀念後，基本上做菜就不難了，但要落實到快手菜的領域，你還必須先搞清楚：**什麼材料是你的「star」**，也就是你最想突出味道，讓其他的食材、調料繞著這個味道打轉，你就能在很短時間內做出一道滋味融合且好吃的料理。

聽起來很玄，但用食譜來舉例就很清楚了，例如一盤蒼蠅頭的重點風味是豆豉，我們先把熱油淋在豆豉裡，**讓豆豉味透過「油」這項介質放大，炒出來自然風味十足**；又例如魚香肉絲的重點在豆瓣醬，但不是只是要它的辣味，還要凸顯香氣，**所以一定要先用油把味道炒開後再炒料**，才能做到完美。

煉油是很好用的技法，所以我經常在示範料理時煉蝦油、煉蔥油、乾煎雞腿排或五花肉把油煉出來再做菜，目的都是為了凸顯風味。不只中式料理，西餐這類做法也很常見，像是做義大利麵時善用培根或醃豬肉融出的油加水熬煮，就是做義大利麵最棒的醬汁基底。

我做菜前會先看食材裡有哪一樣可以煉出味道、增加整道菜的香氣，例如只要食材裡有蝦，就一定會拿來煉油煉高湯。但有很多讀者反應，常常拿捏不準煉蝦油、蔥油的時間，蝦油煉出來有腥味，蔥油煉出來有苦味。其實問題都出在時間的掌握上，時間不夠香氣出不來，煉太久也不行會有腥味；至於蔥一旦煉到發黑也有苦味，因此這次我把這兩項煉油的基本動作詳細示範一次，希望減少大家的失敗率。

至於風味的加法，常用的技巧還有醬料，不可諱言很多菜好吃「就靠那個醬」，好的醬料就是張安全牌。像我女兒之前不會做菜，我一開始教她的就是學做黑胡椒醬，花點時間把洋蔥炒軟，利用洋蔥加熱產生梅納反應的好滋味融合黑胡椒的辣味，很容易就能讓菜變好吃；而黑胡椒醬也很適合做一小鍋再分裝放冷凍常備，是我在家快手出菜的秘密武器之一。

煸蝦油

關鍵風味食材 蝦

1 人份

　　我通常把蝦油當調味油，做菜時多半拿來「點香」，或煮麵時最後淋上去。但如果蝦子沒煸透容易散發腥味，所以一定要先確認手上的蝦子有沒有壞掉、腥味重不重。通常剛買的多半沒有問題，但若是放置冰櫃一段時間、放到蝦頭跟蝦尾變黑，就已經不新鮮了。

　　煉蝦油時主要用蝦頭和蝦身的殼，蝦肉另外取出，並記得要將蝦頭剝開增加受熱面積。此外，廚房裡有的蔥、蒜、薑甚至是香菜莖，都可以往鍋裡丟，蝦油會增加不同的香氣。在煸時得注意火候，當散發出蝦的香氣、鍋裡的聲音也變小，就表示水分都沒了，即可濾出蝦油。切記，蝦油跟蝦湯不要放太久，最好當天做當天用完最鮮美。

食材

蝦子	10 隻
薑片	10 片
沙拉油	1 杯

做法

1. 蝦子剝殼，並將蝦頭剝開，濾掉蝦殼碗裡的水分，備用。

2. 熱鍋倒入沙拉油，放入薑片煸香。

3. 轉小火，把蝦殼、蝦頭放進來，油溫不用太高。若擔心油爆的話，拿鍋蓋蓋住鍋子，但留一點縫隙使水分蒸發。

4. 過程中要盯著蝦頭和蝦殼，有炸透的話就差不多了。不能煸到焦，當你聞到味道是很香的、沒有任何的腥味才對，這時就可以用濾網濾出蝦油。

5. 若同一天的料理需要用到蝦湯，可再把蝦殼放回鍋中加水熝煮。

Tips >>>

一定要把蝦頭剝開，煉油時裡面才會熟透。

蝦頭和蝦殼入鍋後，得充分攪拌使蝦殼的每一處都煸到熟透才行。

濾出蝦油的蝦殼可再回鍋，加入 1 大碗水煮滾，就是現成的蝦高湯。

轉大人海鮮炒麵

關鍵風味食材 蝦湯

　　這道菜是我青少年的美好回憶。我中學開始打網球，常和幾個朋友打球後在外吃完飯才回家，每回經過有酒有菜的熱炒店，心裡總覺得這是「大人的攤子」，有回我們幾個小毛頭在士林看完電影，回家路上我鼓起勇氣邀大家到路邊的熱炒店，點了我們覺得大人才會點的菜

和幾瓶啤酒，就有一種覺得自己長大了的感覺，其中就有這道海鮮炒麵。說也奇怪，一起長大的朋友聚餐，大家總會很有默契的點盤海鮮炒麵重溫年少，小時候想快快長大，長大之後又不想快太變太老，人就是這麼奇妙啊！

食材

油麵	1 球	紅辣椒	1 條	米酒	適量
蝦子	5 隻	薑片	7 片	沙拉油	適量
蛤蜊	10 顆	蒜末	1 大匙	鹽巴	適量
墨魚	1/2 隻	蔥	1 株	水	1 大碗
空心菜	1 把	香油	適量	白胡椒粉	適量
香菜	2 株	醬油	3 大匙		

Tips

替透抽劃上淺刀，快熟又美觀。

做法

1　蝦子去殼，開背去腸泥，將蝦頭剝開備用。

2　墨魚對切，擦拭乾淨去腥，以斜刀在墨魚上劃紋路後切片。

3　將空心菜切段、莖葉分開。香菜、蔥、紅辣椒切段，香菜切末備用。

4　煮一鍋熱水加入鹽，汆燙油麵，使油麵脫鹼，撈出備用。

5　另外熱鍋後放入沙拉油、薑片，放入蝦頭、蝦殼炒透煸香，再加水熬煮，濾出高湯備用。

6　炒鍋擦乾水分後，熱鍋加入沙拉油，將蔥段爆香，放蛤蜊翻炒，加蒜末、空心菜莖、辣椒拌炒。

7　倒入適量的米酒、白胡椒粉調味，加入醬油、蝦湯，煮到蛤蜊開口就可取出蛤蜊。

8　放入蝦子、墨魚片煮熟，放入空心菜葉、油麵，撒上白胡椒粉、一點米酒、香油、香菜稍微攪拌。

9　盛盤後擺上蛤蜊，完成。

簡易蝦麵

關鍵風味食材　蝦油蝦湯

1 人份

　　每次去東南亞出外景或旅行，都會吃碗當地的蝦麵，我的做法味道偏馬來西亞口味，用沙拉油和香油先煸油蔥酥，再以紅蔥頭油來煸蝦殼，湯頭和香氣更迷人。煸蝦頭時薑不要煸太久，以免蓋過蝦味，蝦殼記得要炒透才不易有腥味，鍋底會殘留蝦膏，這可是好東西，濾出蝦油，直接以滾水入鍋稍滾，湯頭味道更濃郁。

食材

草蝦	8 隻	紅蔥頭末	1 大匙	魚露	適量
油麵	1 球	香菜	1 株	白胡椒粉	適量
貢丸	3 顆	薑片	6 片	沙拉油	適量
空心菜	5-6 株	鹽巴	適量	香油	適量
豆芽菜	1 碗	檸檬汁	1 顆	熱水	1 大碗

Tips >>>

蔬菜先入湯底汆燙撈起，擺盤較好看，菜的甜味也能先煮進湯裡。

做法

1. 將空心菜切段，貢丸劃十字，香菜切末備用。

2. 蝦子去頭剝殼，將蝦頭剝開、蝦身開背去腸泥備用。

3. 熱鍋後加入適量沙拉油和香油，放入紅蔥頭煸香，只要有一、兩粒紅蔥頭開始變色，就用濾網濾出紅蔥油和油蔥酥備用。

4. 將紅蔥油倒回原鍋，放入蝦頭蝦殼、薑片拌炒，將蝦殼炒到透後，用濾網濾出蝦油。

5. 將蝦殼蝦頭放回鍋中，倒入滾水煮滾後，撈出蝦殼，留下蝦湯。

6. 放入貢丸。同時用蝦湯先汆燙空心菜莖、豆牙菜，燙熟後撈出後備用。

7. 放入蝦肉燙熟，撒上鹽、白胡椒粉、檸檬汁、魚露調味。

8. 另起一鍋熱水，加入一點鹽煮油麵，使其脫鹼，撈出後置於碗中。

9. 將空心菜、豆牙菜鋪在麵上，倒入蝦湯，撒點油蔥酥，淋上蝦油，擠檸檬汁，放上香菜，完成。

咖哩鮮蝦粉絲煲

關鍵風味食材   蝦油蝦湯

2 人份

　　這道菜是很受歡迎的館子菜，原本得將蝦子連殼下去油炸，直到腮幫子脹開，煮出來的粉絲煲才蝦味才濃郁，但在家裡做油炸總是不方便，所以我將炸蝦轉成煉蝦油和蝦湯，雖然多了一些步驟，但整個流程還是相當簡單，不會太油又可以吃到蝦的甜度和香氣，很方便哦！

食材

鮮蝦	8 隻	咖哩粉	1 大匙	白胡椒粉	些許
冬粉	2 球	洋蔥	1/4 顆	魚露	些許
薑片	4-5 片	蠔油	2 大匙	沙拉油	半杯
蔥	1 株	椰奶	100cc	熱水	300cc
蒜末	1 大匙	香菜	1 株		

做法

1. 洋蔥切絲、香菜切末、蔥斜切段備用。蝦子去頭去殼後，蝦肉開背、留尾備用。冬粉泡水備用。

2. 熱鍋後加入沙拉油，放入薑片煸香，再放入剝好的蝦頭蝦殼入鍋油炸、煉出蝦油，用濾網過濾出蝦油備用。

3. 蝦頭蝦殼再倒回鍋中，加入滾水煨煮約 2 分鐘，濾出蝦湯備用。

4. 原鍋加入適量蝦油，放入洋蔥、蔥段炒至變色，加入蠔油、咖哩粉拌炒，加入適量蒜末。

5. 將蝦湯倒回鍋中，冬粉對切後放入鍋中。

6. 蝦肉下鍋煨煮，煮到冬粉快收汁時，再加入椰奶、白胡椒粉、魚露。

7. 另外加熱砂鍋，倒入鮮蝦粉絲後，淋上剩下的蝦油、椰奶、香菜末，完成。

Tips >>>

辛香料和咖哩粉得先炒香、炒透,再倒入蝦湯煨煮。

以蝦湯煨煮冬粉至快收汁時,
淋入魚露、椰奶等拌勻。

啤酒三杯蝦

關鍵風味食材　啤酒

4 人份

　　三杯的做法在閩南很早就有了，傳到台灣後因地制宜，以本地辛香料代之，慢慢形成現在的組合：糖、黑麻油、醬油。這道菜用的薑片份量一定要足，煸炒的時間要夠，否則香氣大減。我稍微調整做法，用啤酒取代傳統三杯裡的米酒；以小麥釀造的啤酒，入菜後會帶點自然的麥香味。

　　雖然很多料理都需要九層塔提香，但往往用量不多，剩下的保存不易，最後都浪費了，我通常會把沒用完的九層塔放到烤箱裡低溫烤乾，再打成粉末，當作乾燥的羅勒粉來用。

食材

大草蝦	10 隻	黑麻油	3 大匙
啤酒	100ml	沙拉油	3 大匙
蒜頭	6-8 顆	醬油	5 大匙
紅辣椒	2 根	冰糖	2 大匙
蔥	3 株	白胡椒粉	適量
九層塔	2 把	香油	適量
薑片	12-15 片		

做法

1. 用剪刀從蝦背剪開，剔除腸泥後，用廚房紙巾將蝦子裡外的水分吸乾備用。

2. 蒜頭切小塊，紅辣椒、蔥切小段後，蔥白和蔥綠分開放。

3. 熱鍋加入黑麻油、沙拉油，放入薑片，一定要煸到酥香味出來。

4. 把冰糖放進來炒到融化，放入蒜頭、辣椒、蔥白炒香。

5. 再把蝦子放進來翻炒，倒入醬油和啤酒，蓋上鍋蓋燜煮到蝦子變色。

6. 撒入白胡椒粉翻炒至蝦肉熟透後，放入九層塔準備起鍋。

7. 將砂鍋加熱，倒點香油潤鍋再放進蔥綠爆香。

8. 將三杯蝦倒入砂鍋中，熄火，完成。

Tips >>>

炒到蝦頭還帶點生時,倒入啤酒和醬油
燜煮,讓蝦子吃進醬香和麥香。

煸蔥油

關鍵風味食材 蔥

 1-4 人份

蔥經常在料理中擔任配角，但其實也是很重要的主角之一，像是我常做的蔥雞湯、蔥蛋或是脆皮蔥油雞；蔥也可以拿來煉油，不論是在盛盤時取代香油點香，或是直接拿來炒菜，都能為料理增添香氣與層次感。

食材

沙拉油	1 杯
蔥	3-4 株

做法

1. 熱鍋後倒入沙拉油。

2. 用刀背拍過蔥段，下鍋後比較快釋放香氣。

3. 將蔥切成大段，放進油鍋中。

4. 攪拌鍋中的蔥段，使每一面都接觸到油。

5. 當蔥段變成褐色時，用濾網撈出蔥段，蔥油完成。

Tips >>>

蔥段入鍋後，適時攪拌使之浸泡在熱油裡。

當蔥段變成褐色時，裡面的精華才完全萃取到油裡，但不等到變焦黑。

海鮮炒碼麵

關鍵風味食材　韓式辣醬

1 人份

在日本唸書時，只要經過西武新宿站，一定會到附近一家拉麵店吃海鮮炒碼麵，名字裡有「炒」，實質上是海鮮湯麵。海鮮湯麵的吃法各國各有不同，韓國人會加上韓式辣醬，湖南的吃法是白湯的什錦湯麵，相同之處都是將炒過的海鮮與蔬菜加入高湯煮滾，再淋入麵條碗裡。

為了讓蝦湯去腥也多點辛香料的氣味，我會加些蒜末與蝦殼炒香後再熬煮，而韓式辣椒醬入鍋後不好炒開，建議先用點米酒拌開與炒料一起下鍋。擔心太辣太膩，可以加點糖來緩解，但我覺得韓式辣醬本身甜味已足夠，基本上也可不加。

食材

蛤蜊	8 顆	手工拉麵	1 球	米酒	適量
蝦子	8 隻	蒜末	1 小匙	沙拉油	適量
中卷	1/2 隻	醬油	1 大匙	水	2 碗
韓國辣椒醬	2 大匙	鹽巴	適量		
豆芽菜	1 杯	白胡椒粉	適量		

做法

1. 蝦子去蝦殼，並剝開蝦頭備用。

2. 熱鍋後加入適量沙拉油，將蝦殼蝦頭放入鍋中煸炒，再加入少許蒜末，拌炒至有香味。

3. 倒入水熬煮至散發香氣，用濾網過濾出蝦湯備用。

4. 在碗裡加入韓式辣椒醬，倒點米酒拌勻備用。

5. 另外煮鍋熱水，加點鹽，將麵煮熟後，用濾網撈出備用。

6. 原炒鍋加入沙拉油開中火，加入蒜末、蛤蜊、豆芽菜、韓式辣椒醬炒至散發香氣。倒入蝦湯，加入醬油、鹽調味。

7. 加入中卷、蝦子，煮至蝦子變紅色，撒上白胡椒粉，熄火。

8. 將煮好的麵放入碗中，倒入湯料，完成。

蒼蠅頭

關鍵風味食材 ▶ 豆豉　 4人份

　　乾豆豉是黃豆發酵後再拿去烘乾的豆製品，下鍋前先用熱油沖過，香味會透過油放大很多。絞肉與韭菜花比例為1：2最剛好，絞肉一定要炒透並煨煮過，韭菜花入鍋時才吸得到肉的香氣，切記韭菜花不要炒太久，保持翠綠脆口才好吃。

　　韭菜花和韭菜有什麼不同？其實兩者是一起生長的，不同之處在於一株韭菜裡只會有一根韭菜花長在正中間，旁邊長出來的就是韭菜，韭菜花有點偏方圓狀，吃起來比較脆口，這也是韭菜花比韭菜貴價的原因。

食材

豬絞肉（瘦8肥2）	200克	蒜末	1大匙	白胡椒粉	少許
韭菜花	1把	糖	1茶匙	沙拉油	2大匙
乾豆豉	半小碗	米酒	少許	水	1小碗
紅辣椒	1條	香油	少許		

做法

① 將熱過的沙拉油淋入裝豆豉的碗裡，就是很棒的豆豉油。

② 將紅辣椒切成小丁、韭菜花切0.5公分的小丁備用。

③ 熱油的鍋子不需清洗，先將豬絞肉入鍋炒散去腥出油。

④ 加入水，煮至絞肉回軟出肉汁，倒入豆豉油拌炒。

⑤ 趁鍋中還有一點湯汁時，放入韭菜花、紅辣椒、蒜末放進鍋中炒。

⑥ 加入適量糖和米酒調味，最後加入適量香油和白胡椒粉增加香氣，完成。

Tips >>>

用熱油沖開豆豉，油裡會有鹹香的豆豉味。

把豬肉的肉汁煨煮出來，再連同剛才的豆豉與豆豉油下鍋，蒼蠅頭香味會更飽滿。

魚香肉絲

關鍵風味食材 ▶ 過油

4 人份

年輕時當廚房學徒跟著老闆到川菜館吃飯，才學到「魚香肉絲」的菜名是讚譽豬肉絲嫩得像魚肉口感，說難不難，醃肉絲時打水進去，用太白粉鎖住肉汁，過油的溫度也要低，就絕對不柴又滑口。

但在家裡要準備油鍋過油實在太麻煩，所以我換個做法，裹好粉的肉絲直接混入沙拉油，冷鍋小火加熱至半熟就可以達到類似過油的效果，多的油拿來做其他菜還可以多一種味道，你也試試看！

食材

豬里脊肉絲	200 克	紅辣椒	1 條	白胡椒粉	1 小匙	鹽巴	適量
雞蛋	1 顆	薑泥	1 大匙	醬油	3 大匙	糖	適量
煮熟的筍子	1 顆	蒜末	1 大匙	沙拉油	80cc	香油	半大匙
新鮮黑木耳	1 大朵	豆瓣醬	2 大匙	太白粉	半大匙		
蔥	2 株	米酒	1 大匙	水	95cc		

做法

1. 筍子、黑木耳切絲，紅辣椒斜刀切絲，蔥切末，里脊肉切絲放入碗中備用。

2. 將雞蛋打散，倒入半大匙的蛋液到肉絲碗裡，再加入米酒、1 大匙醬油、1 小撮的鹽和糖、白胡椒粉、香油和 45cc 的水抓勻。

3. 抓醃肉絲直到碗裡沒有液體，加入太白粉裹粉，再倒入沙拉油攪拌均勻。

4. 冷鍋倒入醃好的肉絲，以小火加熱使肉絲過油。

5. 豬肉絲炒到半熟時，用濾網濾出多餘的油備用。

6. 原鍋再熱鍋後放入薑泥、蒜末，加入豆瓣醬拌炒。加入 2 大匙醬油及 50cc 的水，撒入少許糖調味。

7. 把筍絲、黑木耳絲、紅辣椒絲放進鍋裡炒香炒勻。

8. 倒入半熟的肉絲，以小火燜煮到稍微收汁。

9. 起鍋前撒入蔥花，完成。

肉絲抓醃打水時，如太早加
太白粉，水會被粉吸掉，反
倒阻隔了豬肉吸收水分。

蒜末容易焦，一焦油就苦。
所以剛熱好鍋時先爆香薑
末，等溫度略降再下蒜末。

在醃好的肉絲裡倒入較多的沙拉油，並以低溫油煎，這樣
就能省掉過油的步驟了。

鮮蚵豆腐煲

關鍵風味食材　豆豉　　3 人份

　　台灣盛產鮮蚵，這道熱炒攤常見的料理家喻戶曉，做法簡單又下飯，砂鍋端上桌更是大氣。味道的關鍵是豆豉，這是一種很有趣的食材，華人世界裡不論哪個地方都會拿來入菜；豆豉所提煉出來的鮮味和醬油非常像，其實兩者概念類似，早年台灣不產黃豆，醬油都是用黑豆做的，把豆豉磨碎煮到化掉，味道就很接近生抽（淡醬油）。

　　記得有一回到醬油工廠出外景，發現醬油發酵的幾個重點：例如用第一次發酵豆子會長出毛一樣的菌絲，發酵後必須清洗菌絲再發酵；二次發酵的豆子就不能再長毛了。發酵後的豆子是熱的，完成發酵後把豆子跟鹽放進缸裡，以時間慢慢熟成使之生水，最底層便是我們常說的「壺底油」，味道非常濃郁。將油撈起後，把豆子拿去煨煮，就是「醬油」啦！

食材

乾豆豉	半小碗	板豆腐	2 塊	鹽巴	適量	醬油膏	5 大匙
蒜苗	2 株	沙拉油	適量	太白粉	1 碗	白胡椒粉	1 小匙
鮮蚵	30 粒	醬油	2 大匙	紅辣椒	2 條		

做法

1. 將蒜苗切成與鮮蚵差不多大小的小段，紅辣椒切小段備用。
2. 煮一鍋熱水，水滾後熄火。
3. 鮮蚵沾上薄薄一層的太白粉，一顆顆放入熱水中浸泡 2 分鐘撈起備用。
4. 原鍋熱水煮滾，將板豆腐切小塊後放入滾水中。燙過鮮蚵的熱水拿來煮豆腐，能讓豆腐吃進蚵仔的鮮味，可以加點醬油，使豆腐上色。
5. 當豆腐煮到微微膨起，撈出備用。
6. 熱鍋後加入適量沙拉油，放入豆豉煸出香氣。
7. 放入蒜苗、辣椒炒香，放入豆腐翻炒。
8. 醬油膏倒進來，放進蚵仔及 1 大勺蚵仔水湯汁煨煮。
9. 加入適量白胡椒粉調味，準備起鍋。
10. 將砂鍋加熱，倒進炒好的鮮蚵豆腐，完成。

Tips ...

煮鮮蚵的滾水不要再開火，
不然蚵仔很容易破掉。

鮮蚵洩水後容易塌掉，沾粉
汆燙可讓蚵仔維持粒粒飽滿
的形狀。

燙過的蚵仔外層應有薄薄的
太白粉狀，待會與豆豉一同
煨煮才不會因攪拌而破裂。

豆腐切得跟鮮蚵差不多大小。

當豆腐煮到微微膨脹後即可
起鍋。熱水別急著倒掉，稍
後可用來煨煮豆腐煲。

乾豆豉不需沖洗，等油熱後，
先用油煸出裡頭的香氣。

再將辛香料與調味料放進鍋
中炒香。

當煨煮到完全上色入味、湯
汁也收得差不多，就能準備
盛盤。

花菇燜豆腐

關鍵風味食材 ▶ 花菇 **2** 人份

菇類是重要的鮮味來源，又有很棒的香氣，只要懂得把鮮味萃取出來，很容易就做出味道濃重的料理，這道花菇燜豆腐借用五花肉的油脂與乾煸香菇的香氣，把肉跟菇的鮮甜煨進豆腐裡，大塊豐厚的花菇吸飽醬汁，一口咬下就是滿足。

食材

豬五花肉薄片	10 片	蔥	2 株	糖	適量
乾花菇	10 朵	蒜頭	3 顆	香油	適量
傳統板豆腐	2 塊	薑片	10 片	米酒	適量
紅辣椒	2 條	醬油	5 大匙	白胡椒粉	適量

做法

1. 花菇泡水後擠乾對切，蔥斜切小段，蒜切片，紅辣椒斜切片備用。

2. 用廚房紙巾擦掉豆腐外的水分，並切成 1 公分厚的片狀備用。

3. 熱鍋後不放油，將五花肉片平鋪在鍋裡，用中火乾煎至酥脆出油，取出備用。

4. 利用鍋中剩餘的豬油來煎豆腐。先熄火，把豆腐放進來後再開小火。

5. 將豆腐兩面煎得酥酥脆脆的，豆香味會比較足，取出備用。

6. 原鍋不需清洗也不需加油，直接放入花菇乾煸至散發香氣。

7. 加入薑片翻炒，放入蔥段、紅辣椒、蒜片翻炒散發香氣。

8. 放入煎好的豆腐和肉片，熗入米酒，撒入適量的糖炒出焦糖香。

9. 放入醬油和香菇水，煮至完全收汁。

10. 加入適量白胡椒粉調味，起鍋前淋入些許的香油，盛盤。

豆腐翻面時可先熄火，較不
會噴油。用筷子和湯匙翻豆
腐比較不會破。

擠乾花菇中的水分，入鍋乾
炒時會比較快炒香。

這道菜是靠花菇撐場，盡量
讓花菇大塊些，吃起來也有
口感。

浸泡花菇的水別急著倒掉，
在煨煮時能派上用場。

鐵板照燒雞腿

關鍵風味食材　照燒醬

1 人份

1991 年我第一次離家到溫哥華求學，寄住在阿姨家，老外的午餐就是兩片吐司抹美奶滋夾幾片蘋果配蘋果汁，用鋁箔紙包起來帶到學校，吃了一星期實在太膩了，我開始到外面找東西吃。有次走進招牌寫著 Teriyaki chicken（照燒雞、照燒牛）的連鎖店，裡頭的客人都是學生，廚師都是洋人，心想這會好吃嗎？但

一上桌，鐵盤裡的照燒雞滋滋作響香氣迷人，根本不在意這菜正不正統，先吃再說！

事隔多年後回到溫哥華，當地的日本料理餐館也開始賣這道菜，我的做法仿照日本餐館，其實哪怕現在走遍世界各地、吃遍美食，一回溫哥華還是會找時間再到同一家餐廳，靜靜坐下來吃一盤學生時代的回憶。

食材

去骨雞腿肉	1 隻	黑胡椒粉	適量
豆芽菜	1 小把	鹽巴	適量
洋蔥	半顆	太白粉	1 大匙

醬汁

薑泥	半大匙	清酒	1 大匙
味醂	2 大匙	柴魚片高湯	120cc
醬油	4 大匙		

做法

1. 熱鍋後不放油，將雞腿肉雞皮朝下放入鍋中，乾煎至雞皮釋放大量雞油。

2. 洋蔥切絲。將鍋中的雞腿排推到一旁，騰出空間把洋蔥放進來炒到金黃。

3. 另煮一鍋熱水，汆燙豆芽菜約 20 秒後撈出，拌點沙拉油和黑胡椒粉備用。

4. 把調好的醬汁倒入鍋中，蓋上鍋蓋燜煮。

5. 當醬汁煨煮到剩一半時，另外將太白粉兌水調芡汁。

6. 等雞肉全熟後，淋上 1 大匙太白粉水勾薄芡。

7. 取出雞腿切條狀後，熄火。

8. 鐵板放在爐火上加熱後，再小心放到木盤上。

9. 在鐵板上擺滿豆芽菜，淋洋蔥照燒醬，鋪上切好的雞腿，完成。

Tips >>>

逼出雞腿皮上的豐富油脂來炒
洋蔥,就不需要額外再加油。

當洋蔥炒到金黃色、產生褐變
後,就可以倒入醬汁煨煮。

汆燙豆芽菜時不需要加鹽,因
為照燒洋蔥醬裡已有鹹度。

鐵板黑椒豆腐

關鍵風味食材 ▶ 黑胡椒

2 人份

女兒常被同學笑，大家以為有個廚師老爸，她的廚藝應該了得，但她其實不太進廚房，某次竟開口要我教幾道菜好雪恥，我教她做萬用的黑胡椒醬打天下，搭任何食材都好吃。

這道菜示範的是簡化過的黑胡椒醬，如果有空做基底醬，我會花時間把洋蔥再炒透、炒到梅納褐化反應出來，倒清水煨煮直到洋蔥化掉。

煎過的豆腐豆香味會濃郁些；先擦乾豆腐表面水分再入鍋可避免油爆。如果家裡沒有鐵板，用鑄鐵鍋替代也可以，吃的時候豆腐和蔬菜一起入口，口感與香氣更多變化。

食材

板豆腐	1 塊	洋蔥	半顆	糖	適量
沙拉油	1/4 杯	蒜末	1 大匙	太白粉	1 大匙
青椒	1 個	粗粒黑胡椒	3 大匙	奶油塊	20 克
紅甜椒	半個	蠔油	3 大匙	水	1 碗
黃甜椒	半個	醬油	2 大匙		

做法

1. 熱鍋後加入適量沙拉油，將豆腐切塊後入鍋，煎至兩面金黃起鍋備用。

2. 青椒、甜椒、洋蔥切絲備用。

3. 原鍋不用洗，加入適量沙拉油，將洋蔥絲入鍋炒透。

4. 加入黑胡椒、蠔油、蒜末炒勻。

5. 放入奶油提升香氣。

6. 熗入醬油、水和糖調味。

7. 奶油融化後，將豆腐、蔬菜放進來煨煮到鍋中水分剩一半。

8. 將太白粉兌水調成芡汁後，以一次 1 匙慢慢加入鍋中勾薄芡。

9. 將鐵板放在爐火上加熱後，把黑胡椒豆腐倒入鐵板上，完成。

板豆腐切成 1 公分左右的厚度，吃起來比較有口感。

擔心油爆的話，先用廚房紙巾將豆腐的水分擦乾。

奶油和醬油的結合，能使醬香味更濃稠。

加入調味料後，以小火煨煮入味。

黑椒牛柳

關鍵風味食材　**黑胡椒**

2 人份

　　一般黑椒牛柳的食譜會教你用太白粉、蛋去醃肉來維持嫩度，但若手上有塊還不錯的牛排，可以換我的做法試試，用西餐的技法結合中式的賣相上桌。如果黑胡椒醬是預先做好就更省時間了，少了太白粉和調味料，又快又健康。

　　牛排下鍋前，兩面抹薄鹽後靜置 5 到 10 分鐘，很多人以為撒鹽是為了入味，但我這動作的目的是讓肉去腥，透過鹽的滲透壓把組織液排出來以去掉表層腥味；當牛排裡的水分去掉一些，肉質也會比較甜。

　　做黑胡椒醬的洋蔥得先熬出甜味，大火雖能快速炒出香氣，但甜度還沒出來就焦了，花點時間用小火翻炒，等變黃後再放黑胡椒粒。怕吃辣的朋友，黑胡椒 1 大匙就好了。黑胡椒醬煨煮時一定要完全糊化，醬料的味道才會完全釋放。

食材

肋眼牛排	1 塊	奶油	2 大匙
綠花椰菜	1 朵	麵粉	半杯
洋蔥	1 顆	醋	1 小匙
粗粒黑胡椒	1 大匙	沙拉油	適量
醬油	2 大匙	鹽巴	適量
水	200cc		

做法

1. 使用廚房紙巾吸乾牛排水分，雙面撒鹽，靜置 5 到 10 分鐘醃入味。洋蔥切末、花椰菜清洗後切下花蕊備用。

2. 煮一鍋熱水，放入適量的鹽汆燙花椰菜；當水回滾後，再汆燙約 1 分鐘，用濾網撈出。

3. 將花椰菜沿著盤邊擺好備用。

4. 熱鍋後加入沙拉油，轉小火放入洋蔥炒至變色。

5. 洋蔥炒黃後，加入黑胡椒、醬油拌炒，再倒入水，以小火煨煮收汁。

6. 另備一只平底鍋，開火熱鍋。

7. 用廚房紙巾擦乾牛排表面水分。不放油，熱鍋後直接將牛排入鍋乾煎至兩面上色。

8. 取出牛排靜置一下，煎多久靜置多久。

9. 等牛排冷卻後，再熱鍋把牛排放回鍋中煎，將牛排煎至三分熟，再次取出靜置 2 分鐘，讓肉汁鎖在肉裡。

10. 將奶油塊裹滿麵粉，放入步驟 5 的洋蔥醬汁鍋中拌煮，淋少許醋。

11. 牛排切成狀，放入洋蔥醬汁煮至七分熟，夾出和花椰菜一起擺盤，完成。

Tips >>>

肉裡的組織液是腥味來源，用鹽醃使之排出，入鍋前一定要再擦乾。

平底鍋邊出現一些焦化物，要用廚房紙巾擦拭掉。

黑胡椒醬在煨煮時，一定要煮到完全糊化，醬料的味道才會完全釋放。

豆腐燒黃魚

關鍵風味食材　黃魚

4人份

　　每種魚都有不同的特色與氣味，海水魚腥味會淡一點，但鮪魚或旗魚這類的紅肉魚例外，相較下白肉魚比較不腥。清洗魚身時，淡水魚要多花點時間清洗魚肚和血腺，以去除腥味。我拿到魚第一件事情會先確定鱗片是否去除乾淨，用水龍頭最小的出水量，邊沖洗邊把魚身上邊角的鱗片刮除。如果是海水魚，不要往魚肚裡沖水，會影響肉質。清洗完才撒鹽或用薑蔥米酒去腥。

　　這道菜把絞肉的肉汁燒進魚肉裡，醃魚時鹽巴別下太重。如果時間允許，加入醬油和水後就用小火燒，我們常說「千滾豆腐萬滾魚」，用意是把魚皮裡的膠質逼出來，醬汁更稠味道更好。

食材

板豆腐	1塊	水	50cc
黃魚	1條	鹽巴	適量
豬絞肉	80克	沙拉油	適量
蒜末	1大匙	白胡椒粉	適量
蔥	2株	香油	少許
醬油	80cc		

Tips >>>

絞肉炒到熟透出油後，再放入黃魚一起油煎，豆腐也可放進來，堆在另一側一起烹煮。

在煨煮時不宜再翻動黃魚，這時可以把醬汁淋在魚上，兩面煨煮入味。

做法

1. 板豆腐切小塊、蔥切末備用。

2. 將魚肉兩面劃花刀，深至魚龍骨。

3. 在盤子上先撒鹽，再將處理好的黃魚放上，再次撒上鹽後靜置。

4. 熱鍋後加入沙拉油，放入絞肉炒勻。

5. 將絞肉撥至一邊，放入黃魚，以鍋中的豬油煎炸黃魚。

6. 再在鍋中騰出空間，放入豆腐、蒜末一起煎。

7. 黃魚變色後翻面，待兩面變色後倒入醬油和水，撒上白胡椒粉，蓋上鍋蓋，以小火燜煮至魚肉全熟，過程中可用湯匙舀湯汁淋在魚肉上。

8. 先讓豆腐出鍋盛盤，再把黃魚放在豆腐上，撒上蔥花和香油，完成。

無肉也歡的咖哩花椰菜

關鍵風味食材　　咖哩

4 人份

　　說到過年，年初二我和跟太太回娘家時，基本上我是不進廚房的，我的岳母非常會做菜，而且極愛乾淨，我若是進廚房幫忙反而給她添麻煩。逢年過節多吃大魚大肉，如想吃點蔬菜平衡，這道料理應景又好吃，咖哩的金黃色澤為蔬菜增添喜氣，做法簡單速度又快，可以幫媽媽省下工夫，好多跟家人聊聊天。

食材

白花椰菜	1 朵	蔥	1 株	雞蛋	1 顆
綠花椰菜	1 朵	咖哩粉	1 大匙	魚露	1 大匙
紅辣椒	1 條	蠔油	2 大匙	鹽巴	適量
香菜	2 株	鮮奶	80cc	水	半碗
蒜末	1 大匙	沙拉油	適量		

做法

1. 將花椰菜切成小朵，紅辣椒、香菜切段，將莖葉分開放。

2. 蔥斜切段，將雞蛋打散備用。

3. 煮一鍋熱水加入適量的鹽，把花椰菜放進滾水中，回滾後煮 1 分鐘，用濾網撈出備用。

4. 熱鍋後放入適量沙拉油，將香菜莖、辣椒、蒜末、蔥段放進來，火盡量開大點，炒香鍋中的辛香料。

5. 撒入咖哩粉翻炒，再加蠔油炒勻。

6. 倒入半碗水和花椰菜翻炒，使每朵花椰菜都沾上金黃色的咖哩醬，水分盡量收乾些。

7. 把鮮奶倒進來，加魚露拌炒均勻。

8. 最後淋上蛋液再翻炒一下，撒上香菜葉，完成。

當水回滾後再煮 1 分鐘,使花椰菜約莫七、八分熟,稍後與咖哩醬燜煮時才不會太軟爛。

加水是將咖哩粉沖開,但接下來還有鮮奶和蛋液,燜煮時得收乾些,賣相會更好看。

鹹豬肉蒜味義大利麵

關鍵風味食材　鹹豬肉　　1 人份

醃肉在中西料理都是很好用的食材，我常用培根、煙燻火腿（Prosciutto）和義大利香腸（Salmai）來做義大利麵，但其實家常的鹹豬肉更好用，豐富的鹹香和油脂，炒過後加水煨煮出濃縮的肉湯，義大利麵下鍋煮 1 分鐘就能吸飽肉香，快手必備。這道菜裡的洋蔥和蒜末補足甜味與香氣，菠菜中的葉酸使其帶點澀味的口感，正好能為油脂滿滿的五花肉解膩。

自製鹹豬肉不難，挑塊肥瘦勻稱的五花肉加入 2 大匙米酒抓醃，讓米酒吃進肉裡。將鹽巴、五香粉、花椒粉混合均勻後，把五花肉的每一面沾粉放進乾淨容器裡，以保鮮膜密封後放入冰箱，靜置 72 小時就好了。

食材

義大利麵	110 克	新鮮巴西里	適量
鹹豬肉	113 克	蒜末	1 大匙
洋蔥	半顆	粗粒黑胡椒	適量
菠菜	1 把	冷水	1 大碗
鴻喜菇	1 包	鹽巴	適量
橄欖油	3 大匙	水	1 大碗

做法

1. 洋蔥切絲，菠菜汆燙後再切段，巴西里切碎，鹹豬肉切片備用。

2. 熱鍋後不放油，把鹹豬肉放進來煸炒。

3. 當鹹豬肉出油後，加入冷水煨煮肉湯，再倒出備用。

4. 另外煮一鍋熱水加鹽，把義大利麵條煮到七分熟後用濾網撈出備用。

5. 原炒鍋放回鹹豬肉片，放入鴻喜菇、洋蔥炒香。

6. 把蒜末放進來炒香，淋入少許橄欖油拌炒。

7. 把肉湯倒進來，義大利麵條、菠菜也放進來拌炒均勻。

8. 轉中火煨煮收汁，撒入黑胡椒，完成。

Tips »»»

鹹豬肉本身的鹹度飽足，在炒香釋出
油脂後，再加水煨煮湯汁來取代煮麵
水，能讓義大利麵氣味更好。

熬煮過肉湯的鹹豬肉回鍋炒乾水分
後，再放入鴻喜菇乾煸出香氣。

姆士流辣炒年糕

關鍵風味食材 雞腿肉

4 人份

　　韓劇席捲全球，韓式料理在世界各地都很受歡迎，這道辣炒年糕是韓劇裡常見的國民小吃，路邊攤都有在賣。我的版本多加了雞腿肉，快手的做法是雞皮煎脆後切小塊，把洋蔥和蔥段連同雞肉以韓式辣椒醬醃製，煨煮年糕時所釋放的澱粉，自然會增加濃稠度不需勾芡。同時我喜歡泡菜的酸味，不必再另外炒過，又省下更多時間。

食材

蔥	3-4 株	韓式辣醬	1 大尖匙
洋蔥	1 顆	水	100cc
去骨雞腿肉	1 隻	醬油	3 大匙
新鮮香菇	2 大朵	糖	1 小匙
蒜末	3 大匙	香油	適量
泡菜	100 克	白芝麻粒	1 大匙
米酒	1 大匙	鹽巴	適量
年糕	1 包		

做法

1. 蔥切段、留一點蔥綠切末，洋蔥順紋切絲，香菇切絲備用。

2. 熱鍋後不需放油，將雞腿肉雞皮朝下入鍋，煎至雞皮呈現金黃色後，取出切成小條，放入大碗中備用。

3. 在放雞肉的大碗中，加入洋蔥、蒜末、韓式辣醬；再加入米酒、醬油、糖、蔥段和香油拌勻、醃製入味。

4. 另煮一鍋熱水，加點鹽，把年糕放進來煮到微膨後撈出備用。

5. 原本的炒鍋不需清洗，熱鍋後放入香菇拌炒至散發香氣。將雞肉連同醃料，一起倒進鍋中炒開。

6. 放入泡菜、年糕、水拌炒，以中火煨煮收汁，讓醬汁巴在年糕上。

7. 當收汁差不多時，盛盤撒上蔥末、香油、白芝麻粒，完成。

Tips >>>

年糕要先用加了鹽的滾水煮到微膨。

韓式辣醬較稠不容易拌炒，所以直接和其他食材加入煎到半熟的雞肉裡作為醃料，再全部一起炒熟。

家常茄子燴飯

關鍵風味食材 ▶ 茄子

1 人份

　　一般人都覺得茄子是個難搞的食材，沒過油直接煮就會變得黑鴉鴉的，其實茄子不只營養也好吃，要保留茄子的紫色不一定非過油不可，切滾刀後用鹽快速醃過，再入鍋和炒料一起拌炒，雖然顏色還是不如過油漂亮，但吃油量會低很多。挑選時要注意，拿著茄頭不會垂下來的才新鮮，同時看蒂頭是否完全緊閉覆蓋，如果開口爛爛的就已經不新鮮了。

食材

茄子	1 條	水	300cc
蔥	2 株	糖	1 小匙
豬絞肉	300 克	太白粉水	1 大匙
蒜末	1 大匙	熱白飯	1 碗
醬油	2 大匙	鹽巴	1 小匙
蠔油	3 大匙	沙拉油	3 大匙

做法

① 蔥切末。茄子切丁後加入適量的鹽抓醃。

② 熱鍋加入沙拉油，放入茄子翻炒，起鍋備用。

③ 原鍋不需再放油，加入絞肉用鍋鏟炒散，加蒜末和一半的蔥花拌炒。

④ 倒入茄子略炒後，加入醬油和蠔油拌炒，倒水煨煮到稍微收汁後，拌入先調好的太白粉水。

⑤ 盛好白飯，將茄丁肉醬淋上，撒上蔥花，完成。

Tips >>>

先用鹽抓醃後，使之出水再快速入鍋翻炒，不用過油也能保有茄子的色澤。

大蒜易焦，通常我會炒開絞肉後再放。

以煨煮來釋出肉汁，讓醬汁更濃郁。

馬鈴薯燉肉

關鍵風味食材 洋蔥

 4 人份

馬鈴薯是一種不太有味道的食材，該如何煮到入味？日本的國民美食馬鈴薯燉肉，正是一道使之入味的好料理。我會把馬鈴薯以滾刀切成角狀，切好後浸泡到水裡以避免氧化。洋蔥為取其中的甜味，四分之三採順紋切，四分之一用逆紋切；順紋切的好處是久煮還能保持形體，逆紋切的洋蔥容易化掉讓味道釋放出來。洋蔥一定要炒透炒軟，不然硫化物熬成湯汁後會更突顯嗆口，炒洋蔥時會發現鍋邊有些焦黑，這是洋蔥裡面的糖分經加熱後產生的焦糖，只要保持小火不需擔心。這是一道燉菜，鍋蓋請挑有孔洞能排氣的，以免燉煮時湯汁溢出，或用鋁箔紙捏成鍋蓋的形狀、戳幾個洞來代替鍋蓋也行。

食材

牛腱子肉	1 盒	蔥花	2 大匙
馬鈴薯	2 顆	沙拉油	適量
洋蔥	1 顆	鋁箔紙	1 張，與鍋子同寬
蒟蒻絲	1 包		

醬汁

醬油	4 大匙	糖	2 大匙
味醂	2 大匙	柴魚高湯	400ml
清酒	2 大匙		

做法

1. 馬鈴薯用滾刀切成角狀，泡入清水防止氧化。

2. 切洋蔥絲，四分之三順紋切，四分之一逆紋切備用。

3. 燉鍋加入沙拉油，油熱後放入洋蔥絲煸炒到全數軟化。

4. 馬鈴薯濾乾後，鋪在鍋中的洋蔥上，再放上蒟蒻絲、牛腱子肉。如果是比較薄的火鍋牛肉片，建議最後再放。

5. 倒入調好的醬汁。

6. 將一張鋁箔紙折成鍋蓋大小後，在上頭戳 4 到 5 個小孔，蓋在鍋上，以小火慢燉 30 分鐘。

7. 等筷子可以刺穿馬鈴薯，就可以起鍋了，最後撒上蔥花增添層次感，完成。

厚煎秋葵蛋

關鍵風味食材　紅蘿蔔

4 人份

　　詹媽媽是職業婦女，工作忙沒有太多時間照顧我們的飲食，小時候我很挑食，長大因為工作改變了很多飲食習慣，過去不愛不敢吃的，現在反倒喜歡了起來，像是紅蘿蔔。

　　生紅蘿蔔確實有股特殊的生味，但只要炒透，讓胡蘿蔔素都釋放出來，就會像南瓜一樣香甜濃郁。炒紅蘿蔔絲的時候注意，火太大容易焦要用小火，而紅蘿蔔很會吃油，因此在炒的過程中視情況添加一點油。秋葵用鹽搓洗去掉表面絨毛口感更好。

食材

秋葵	7-8 條
紅蘿蔔	1 條
沙拉油	半杯
雞蛋	4 顆
鹽巴	適量

做法

1. 紅蘿蔔刨絲備用。

2. 削去秋葵蒂頭硬殼的部分，放入碗中加一點鹽、反覆輕搓至絨毛脫落備用。

3. 冷鍋直接倒入略多的沙拉油，轉動鍋子潤鍋。

4. 開小火熱鍋，放入紅蘿蔔絲炒軟後倒入碗中備用。

5. 另外煮鍋熱水，水滾後把秋葵放進來，回滾後用濾網撈出冷卻。

6. 冷卻後的秋葵切成約 0.5 公分的片狀。

7. 將切片好的秋葵放進裝紅蘿蔔的碗中，打入雞蛋拌勻後，加入適量鹽攪拌均勻。

8. 炒鍋不需清洗，倒入適量沙拉油，開中火熱鍋。將秋葵紅蘿蔔雞蛋液倒進來，在鍋子中心稍微攪拌，蓋上蓋子稍微燜一下。

9. 當看到鍋邊的蛋液轉熟後翻面，煎至蛋液凝固變色。

10. 將厚煎秋葵蛋取出切塊，完成。

砂鍋黃燜雞

關鍵風味食材　**黃酒**　**4** 人份

　　砂鍋不僅可以直火烹調,同時也能拿來盛盤,把菜放砂鍋裡上桌,就變成一道好看的大菜了。砂鍋菜可從大菜延伸到小吃,在大陸紅遍大江南北的黃燜雞就是砂鍋菜,我去出外景時四處可見黃燜雞專賣店,研究後發現這其實是源自於魯菜(山東菜)的紅燒做法,味道濃重又下飯,如果你也好奇什麼是黃燜雞,不妨在家試試看。

食材

帶骨雞肉塊	700 克	乾香菇	8-10 朵
沙拉油	半杯	香油	適量
薑片	11 片	白胡椒粉	適量
蒜頭	7-8 顆	水	500cc
蔥	5 株	糖	半大匙
青椒	2 顆	醬油	80cc
紅辣椒	2 條	黃酒	3 大匙
香菜	2 株		

Tips

起鍋前再放入香菜莖、青椒和辣椒,才能保持蔬菜的脆度與顏色。

做法

1. 備一鍋熱水,將雞肉放入汆燙去腥後撈出備用。

2. 青椒切小塊,紅辣椒斜切段,蒜切片,蔥斜切小段、蔥白蔥綠分開放,香菜切末、莖葉分開放,乾香菇泡發後去蒂、香菇水留下備用。

3. 炒鍋熱鍋後倒入寬一點的沙拉油,放入薑片和雞肉,炒至雞肉滲出油脂。

4. 先加入糖拌炒,再放香菇、香菇水、蔥白、蒜片,炒至散發香氣。

5. 加入醬油、黃酒、水、白胡椒粉,蓋上鍋蓋,以中火燜煮收汁,過程中不時攪拌,避免沾鍋。

6. 煮至湯汁快收完前,放入香菜莖、青椒和辣椒拌炒到熟。

7. 砂鍋空燒加熱,淋少許香油和黃酒,將雞肉倒入砂鍋,撒香菜葉,完成。

姆士流銀耳版雞肉咖哩

關鍵風味食材 銀耳

2 人份

在越南河內出外景時，我發現當地的咖哩竟然有銀耳，看來困惑卻一吃上癮，回台灣就馬上試做，其實銀耳（白木耳）會釋放膠質，煮咖哩時先將馬鈴薯和紅蘿蔔煮軟，放入雞腿肉熬煮，這過程就像熬雞湯，當我們放入大致切過或絞散的銀耳，膠質讓醬汁多了滑順感，口感就像加了牛乳或椰奶，卻少了奶製品的膩口，相當清爽。

食材

馬鈴薯	1 顆	月桂葉	3 片
洋蔥	半顆	去骨雞腿肉	1 隻
紅蘿蔔	半條	沙拉油	適量
蘑菇	6-7 朵	咖哩塊	3 塊
乾銀耳	5-6 朵	水	800cc

做法

1. 乾銀耳泡水發脹後切塊，馬鈴薯、洋蔥、紅蘿蔔和蘑菇切小塊備用。咖哩塊切片備用。

2. 熱鍋後加入沙拉油，放入洋蔥炒至散發甜味。

3. 放入馬鈴薯及紅蘿蔔翻炒，放入月桂葉，倒水煮至紅蘿蔔、馬鈴薯變軟，倒出備用。

4. 原鍋熱鍋加入沙拉油，放入雞腿肉塊煎炒至表面上色，放入蘑菇炒至散發香氣。

5. 倒入步驟 3 的食材後，再看鍋中水分是否與雞肉相當；鋪上銀耳攪拌均勻後，蓋上鍋蓋以中火將雞肉煮熟，過程中適時攪拌避免沾鍋。

6. 在雞肉快熟時，放入咖哩塊攪拌至融化，以小火煨煮 5 分鐘，完成。

Tips >>>

咖哩先切細塊，放入鍋中較快化開。

喜歡銀耳口感的人，也可以大朵放入鍋中燉煮。

中式番茄肉醬麵

關鍵風味食材　孜然

3 人份

　　中國的麵食博大精深，出外景時總能品嚐各地的麵類料理，像是新疆的拉條子、成都的一根麵等，強調現拉現擀的麵條，醬料多以鹹香辣為主。如果西式的番茄肉醬做到膩，不妨換個想法，同樣用番茄和牛絞肉，但以和番茄非常搭的孜然粉取代義式香料，簡單的巧思能為家常料理增添新變化。當然，牛絞肉換成羊絞肉味道也很搭。

食材

洋蔥	半顆	沙拉油	適量	白胡椒粉	4 小匙
番茄	1 顆	乾麵條	3 把	水	450cc
牛絞肉	300 克	番茄醬	5 大匙	鹽巴	適量
蔥	2 株	孜然粉	3 小匙	小黃瓜	半條
蒜末	3 大匙	醬油	5 大匙		

做法

1. 洋蔥、番茄、蔥切末，小黃瓜切絲備用。

2. 鍋中加入適量沙拉油，放入蒜末拌炒，加入洋蔥炒香，加入番茄醬拌炒增加醬香味。

3. 加入牛絞肉，用鍋鏟炒散；放入蔥花、番茄炒勻，倒入水煨煮收汁至有點稠狀。

4. 備一鍋熱水，加鹽煮麵。麵條起鍋後，淋上肉醬，鋪上小黃瓜絲，完成。

當蒜末中有幾粒開始變黃，就得趕緊下洋蔥拉低鍋內溫度，不然蒜末焗過頭，蒜油會有苦味。

番茄醬能使這道肉醬多點酸香味，不喜歡的話也可以省略。

炒絞肉時一定會遇到結塊的狀況，可以用鏟子將它切開炒勻，盡量別用邊壓邊炒的方式來處理。

詹醬辣香雞

關鍵風味食材　油潑辣子

2 人份

醬料是快手菜的好幫手，這道菜是用我開發的「詹醬：油潑辣子油」來做，味道不同於一般的辣子雞，所以取名「辣香雞」。用煎雞腿時煸出的雞油來炒蔥薑蒜就夠了，整道菜的油量不算太多。各位別被乾辣椒的份量嚇到，我混合帶辣的朝天椒與增添香氣的宮保椒，吃起來不太辣卻香氣十足，大家可以放膽試試。

食材

去骨雞腿	1 隻	**宮保乾辣椒**	半杯
蒜頭	6 顆	**朝天乾辣椒**	半杯
蔥	1 株	**青椒**	半條
薑片	5 片		

辣香雞醬汁

醬油	1.5 大匙	**米酒**	半大匙
詹醬 油潑辣子油	1.5 大匙	**烏醋**	半大匙
糖	1 小匙		

做法

1. 青椒切丁，蔥切段備用。

2. 熱鍋不需放油，將雞腿肉以雞皮朝下入鍋，煎至雞皮酥脆後，取出後切丁。

3. 原鍋不需清洗，將切好的雞丁放回鍋中炒熟。

4. 加入蔥、薑、蒜拌炒，再倒入乾辣椒翻炒。

5. 倒入辣香雞醬汁，炒至收汁入味後即可盛盤，完成。

Tips >>>

乾辣椒很容易焦黑，下鍋後眼睛要盯著它，千萬別炒焦了。

炸醬麵

關鍵風味食材　**甜麵醬**

3 人份

中國五大名麵之一的炸醬麵，傳統的做法要用很多油來炸煮豆瓣、甜麵醬，才以「炸」字命名。其實炸醬麵的做法百百種，我的版本稱不上正宗，口味與做法上偏山東口味多些。在做炸醬麵時需要注意幾個部分：首要我會選較圓、粗一點的麵條，口感比較 Q 彈；其次是醬，平常我做豬肉料理油都放得少，但這裡為了保護肥肉裡的油脂，會放得寬一些，當絞肉釋放出油脂，再用豬油炒豆瓣醬、甜麵醬才會香。

食材

豬絞肉	200 克	豆瓣醬	6 大匙
小黃瓜	1 根	蒜末	1 大匙
大蔥	1 株	沙拉油	5 大匙
洋蔥	半顆	鹽巴	適量
豆干	5 片	乾麵條	3 把
甜麵醬	3 大匙	水	2 杯

Tips >>>

花點時間和耐心把絞肉炒散，看到肉裡的水分被炒乾時別急著往鍋裡倒油，再炒一會兒絞肉會釋放肉汁。

做法

1. 將小黃瓜、大蔥的蔥白切絲，分別放入冰水冰鎮備用。

2. 大蔥的蔥綠切末、洋蔥切丁、豆干切丁備用。

3. 熱鍋後加入較寬的沙拉油，放入豬絞肉翻炒，盡可能用筷子將豬絞肉撥散，讓肉末受熱均勻、水分炒乾。

4. 炒到鍋裡沒有水分、絞肉釋放油脂後，才是真正炒到去除腥味。放入豆干、洋蔥翻炒，放入甜麵醬，再放入豆瓣醬炒勻。隨時注意火候避免炒焦。

5. 加入水煨煮，加入蔥綠末、蒜末拌炒均勻，再以糖調味，炸醬完成。

6. 煮一鍋熱水加點鹽，放入乾麵條煮熟的同時，將冰鎮小黃瓜絲及蔥白絲濾出。

7. 將煮好的麵條倒入碗中，舀入 2 大匙炸醬，鋪上黃瓜絲及蔥絲，完成。

第 5 章

做大菜也不慌亂的

宴客菜心法

在上一本書《請問詹姆士》裡，我曾經跟各位分享過宴客做菜時的一些小技巧，像是準備一鍋熱水，把備料時剩餘的邊角料都丟進去，利用做菜的時間就順便熬成一鍋高湯，不但做菜時可以拿來取代水增添滋味，最後還可用來做湯品的湯底使用，一舉數得又省時間。

宴客菜與家常菜的最大差別是，為了三餐而煮大多隨機應變，冰箱裡有什麼或突然想吃什麼做就，但宴客前主人家都會先開菜單，也因此宴客菜要做得好又快，除了善用我一開始教你的集中備料、抓碼手等技巧，最重要的還是菜單的選擇。

既然是宴客，自然希望主人家的用心讓客人開心，而讓宴客菜出彩也不難，讓客人「驚喜」就行，平常家常菜比較少用到的食材、上館子才會吃到的菜、味道濃重擺盤美觀的湯品這些都是大原則，選對菜比做一堆菜更容易得到滿堂彩。

你或許會想「這些菜應該都很難吧」、「大菜應該很花時間吧」，其實不見得，宴客菜尤其需要快手，在家請客最尷尬的就是主人在廚房裡嚷著「快好了快好了，你們先吃」，客人上桌後等也不是吃也不是，最好是熱騰騰的菜齊上桌方能賓主盡歡。

我開給你的宴客菜單都不是很難的菜，像是鴨胸看似很難很複雜，**但其實也就是拆解成煎或烤鴨胸跟製作醬汁兩部分；鮑魚菜的關鍵在醬汁，善用罐頭鮑魚裡的鮑汁來做就一點都不難**；溫潤的羹湯暖胃暖心，味濃呈盤又美，宴客時最適合派上用場；最後我還要教你不用烤箱、簡單到不行的黑芝麻麻糬當甜點，為宴客菜畫上完美句點。

宴客菜是料理愛好者自我修煉的驗收，相信我幫你開出的這些菜單，逢年過節親友歡聚時肯定能換來「好好吃啊」的驚呼聲，愛做菜的你想聽到的，不正是這句肯定嗎？

鮑汁燴鮑魚

4 人份

　　從有印象以來，我爸就是對食物很有要求的人，小時候家裡的冷凍櫃裡常有一整排頂級牛排，來家裡的同學看到都很震驚，那時還沒學廚，幾個年輕人亂做把牛排燒壞了，詹爸回家一看果然生氣，直說我們糟蹋了上好的牛肉太可惜。

　　好的食材總有這種魔力，讓人覺得活著就有希望，吃到好東西更會告訴自己，能努力時盡量做，有好的體驗享受也別放過，日子再難過也別難過自己啊！很多人會覺得鮑魚是種高不可攀的食材，但請客買個罐頭的預算總有吧，我們可以利用真空高溫處理過的鮑魚罐頭，將裡面的湯汁與蠔油結合，做出類似飯店裡熬煮出老母雞湯般燴鮑魚的口感，端上桌一定有面子。

食材

鹽水鮑魚罐頭	1 罐	**蠔油**	3 大匙	**香油**	3 大匙
青江菜	5-6 株	**鹽巴**	少許	**糖**	少許
蔥	5-6 株	**黃酒**	1 大匙	**白胡椒粉**	少許
沙拉油	1 杯	**醬油**	2 大匙		

做法

1. 蔥先用刀背拍過切段，放入鍋中，倒入 1 杯沙拉油和 3 大匙香油，煏到蔥變色後濾出蔥油備用。

2. 青江菜連莖對切成長條，備一鍋熱水，加入少許沙拉油和鹽，放入青江菜汆燙好，再沿著盤子擺一圈盛盤備用。

3. 鍋中倒入罐頭湯汁，加入蠔油攪散，放入鮑魚煨煮。

4. 撒入糖、醬油，以小火煨煮使鮑魚兩面都吃到醬色、收汁後，鮑魚先起鍋。

5. 將鮑魚斜切成片，放入青江菜的盤中。

6. 醬汁加入白胡椒粉、黃酒，再勾點薄芡，煮至稠狀後，淋在鮑魚上，再點上一點蔥油，完成。

Tips >>>

加蠔油煨煮鮑魚，使之上色入味。

青江菜對切汆燙後，在盤子上擺
成一圈。

豆瓣魚

4 人份

過年過節時少不了祭拜祖先的煎魚,這魚從除夕拜到年初一,但在年初二大多已成乾柴狀,丟掉又嫌浪費,便成了媽媽們的煩惱。我利用回蒸的方式讓乾掉的煎魚吸飽水氣,恢復軟嫩的肉質;再用醬燒概念做成的沾醬淋上去,就能讓剩菜變身成為餐桌上的搶手菜。

食材

煎過的魚	1 尾	米酒	1 大匙
豬絞肉	100 克	醬油	3 大匙
豆瓣醬	2 大匙	糖	1 小匙
薑末	1 大匙	太白粉	1 大匙
蒜末	1 大匙	水	1 碗
蔥花	2 株		

做法

1. 冰過的煎魚肉質會比較乾,先以蒸鍋蒸過,讓魚肉先復熱。

2. 熱鍋後放入豬絞肉炒散炒香,加入薑末、蒜末翻炒去腥,直到豬絞肉水分炒乾。

3. 加入豆瓣醬、蔥花、適量米酒,將食材翻炒均勻後,放入少量的糖、醬油調味。倒入水煨煮出肉汁來。

4. 將太白粉兌水調芡汁,再以一次 1 湯匙分批將芡汁放入鍋中,將醬汁調到喜歡的濃稠度。

5. 取出蒸鍋裡的煎魚,把蒸盤內的湯汁倒入鍋中與豆瓣醬攪拌均勻。

6. 把煮好的豆瓣醬淋在魚上,撒上蔥花,完成。

補氣雞湯

4 人份

以前在溫哥華剛開店時曾經不小心感冒,當時廚房的燒烤區只有我一人負責沒辦法休息,在國外看醫生又沒那麼方便,所以除了感冒藥我還喝了很多感冒藥水,感冒是很快好,但腰和腎臟的位置卻開始痛起來。那時我媽媽就用當歸、黃耆、枸杞熬成湯來讓我當水喝,這些藥材都有補氣調養的功能,沒多久腰痛的問題竟然解決了。這道湯是延續媽媽的方子再加幾付藥材來熬雞湯,大夥也用補氣雞湯來關心你的家人吧。

食材

全雞	1 隻
米酒	2 大匙
紅棗	8 顆
鹽巴	適量
枸杞	1 小碗

中藥滷包

當歸	10 克
川芎	10 克
黃耆	35 克
黨參	20 克
紅棗	70 克
枸杞	35 克

做法

1. 燒一大鍋水,放入中藥滷包,先將藥材熬煮出味道。如果將雞肉同時放入,中藥功效還沒煮出來,雞肉就太老了。

2. 用米酒浸泡枸杞備用。

3. 再另燒一鍋熱水,將雞皮上的毛挑乾淨,切除雞頭和雞爪後,放入熱水中汆燙去腥。

4. 用濾網撈出雞隻放入大鍋中,開大火煮,蓋上鍋蓋先滾個 10 分鐘。

5. 將雞翻身,轉小火再煮 15 分鐘。

6. 雞湯煮好後,將滷包取出,放入紅棗轉大火稍滾一下,讓紅棗味道釋放出來。

7. 放入鹽調味,再舀些湯汁淋在雞背上使之入味。

8. 最後連浸泡枸杞的米酒一起倒入鍋中略滾,完成。

橙汁鴨胸在家做

4 人份

　　一般家常菜少用的鴨肉，其實是種非常好的食材，俗話說「沒有腳的比兩隻腳的好、兩隻腳的比四隻腳的好」。沒有腳的魚所富含的不飽和脂肪酸比較高，兩隻腳的食用肉中，鴨跟鵝又比雞來得好。

　　處理鴨胸的關鍵在厚厚的鴨皮與皮下豐富的油脂，下鍋前可以在鴨皮上劃淺刀，乾煎時油脂較容易釋放。鴨肉的肉質偏柴，烹煮心法跟牛排很像，煎到三、四分熟後利用餘溫向中心導熱漸熟，肉質才是最軟嫩的。調味上也得特別留意，鹽會讓食材出水，因此處理較柴的雞胸、鴨胸，盡可能等到最後盛盤前再調味，肉裡才會保留住最多的水分。我用柳橙、檸檬、又稱柳橙酒的「君度酒」來熬煮醬汁，酸甜滋味非常好吃。

食材

生鴨胸	2 大塊	蜂蜜	2 大匙
柳橙	2 顆	綜合生菜	視喜好而定
檸檬	1 顆	鹽巴	適量
君度酒	少許	黑胡椒粉	適量

做法

1. 烤箱 200 度預熱 5 分鐘。在鴨胸的皮上劃上數條淺刀，使之受熱後容易釋放油脂。

2. 熱鍋後不需放油，將鴨胸的鴨皮面朝下放到鍋裡，轉小火慢慢煎到鴨皮出油後，溫度可以稍微拉高一點，利用鍋中的鴨油繼續煎到鴨胸兩面看不見血色、鴨皮略帶黃金。

3. 煎鴨胸的過程中，也可以稍微把鴨肉立起、煎一下側面。

4. 切記不要煎太久，一旦煎過頭、連鴨肉裡的油脂逼出來就不成菜了。

5. 熄火，將鴨皮面朝上放到鋁箔紙包裹起來送進烤箱。因為剛剛已經把鴨皮煎脆，如果把皮朝下，釋出的湯汁會讓鴨皮的香氣與口感流失。

6. 用 200 度烤 5 分鐘。取出後先不開鋁箔紙，靜置到醬汁煮好，讓餘溫繼續導熱使鴨肉變熟。

7. 柳橙、檸檬對半切開。另備個平底鍋，冷鍋放上濾網，擠入柳橙汁和檸檬汁。

8. 倒入君度酒，開小火煨煮至醬汁濃縮，香氣才會足。

9. 在小碗裡放入蜂蜜，等鍋內的橙汁燒到剩一半時，再倒入碗裡。

10. 將生菜大致切片，放進大碗裡，加入鹽和黑胡椒粉調味，淋入鴨油，這樣沙拉就有鴨油香。

11. 將拌好的蔬菜盛盤。

12. 這時拆開鋁箔紙，將烤好的鴨肉切片盛盤。

13. 鴨胸切開後應帶點胭脂色，肉質裡帶點鴨油，會非常軟嫩。

14. 食材都盛盤後，在鴨胸上撒鹽巴、黑胡椒粉調味，最後淋上橙汁醬，完成。

鳳梨鴨胸

4 人份

　　鴨胸肉質乾柴，如果直接煎熟只會突顯缺點，萬一沒有烤箱可以怎麼做才嫩？我用鳳梨裡的酵素軟化鴨胸質地，用量也不用多，拳頭大的鴨胸配上 2 平方公分的鳳梨就很夠了，相信我，肉質軟嫩到你懷疑人生！由於鳳梨裡富含糖分，火太大時糖容易焦化，整付鴨胸如果煎得烏漆抹黑賣相就不好了，要隨時注意火候。

食材

生鴨胸	2 大塊	糖	2 小匙
紅蔥頭末	3 大匙	奶油	20 克
蒜末	2 大匙	檸檬皮	少許
鳳梨	1/5 顆	巴薩米克醋	1 大匙
沙拉油	少許	水	3 大匙
白葡萄酒	30cc		

做法

1. 將鳳梨切塊放一旁備用。留一小塊切成末放入大碗中備用。

2. 鴨胸肉以叉子戳洞後，放入大碗中。

3. 將鳳梨塊、水放入攪拌機打成鳳梨汁，倒入步驟 2 的大碗裡醃製 10 分鐘，使肉質軟化。

4. 熱鍋加入少許沙拉油，將鴨胸以鴨皮面朝下入鍋中煎出鴨油。

5. 溫度太高時先熄火，以免鳳梨裡的糖分變焦糖。

6. 當鴨皮不再滋滋作響後，開中小火，將鴨皮煎到金黃色再翻面慢慢煎。

7. 當鴨胸兩面煎至金黃色後，熄火，蓋上鍋蓋，利用餘溫繼續導熱。

8. 靜置一會兒後，開蓋用筷子插進鴨胸試一下熟度。起鍋前轉大火稍微逼出鴨胸內的油脂。

9. 取出煎好的鴨肉切片擺盤，鴨胸內層的肉質應呈現粉嫩。

10. 另備深鍋，加熱後放入紅蔥頭末、蒜末、白酒以小火熬煮。

11. 把鳳梨塊、糖放進來，煮到水分蒸發、醬汁略帶稠度。

12. 把奶油放進來，融化後醬汁就完成了。

13. 把醬汁淋到擺好盤的鴨胸肉上，撒上少許檸檬皮增加香氣，淋上巴薩米克醋，完成。

番茄銀耳魚羹

4 人份

　　常聽到那句廣告詞：「腸道好，人不老。」老一輩說的吃補，是指盡量吃些可與體內達到平衡的食材。現代人大魚大肉慣了，銀耳含有膳食纖維，進到腸道有去油的效果，因富含膠質又有平民燕窩的美稱，可說是對身體非常好的食材。

　　在這道湯裡，我放入銀耳、圓鱈、番茄、雞蛋、薑、青菜，可利用做菜備料的邊角料高湯做湯底，滋味更鮮美，煮出來花花綠綠的顏色，光看也賞心悅目。

食材

乾銀耳	4 大朵	香菜	1 株	太白粉	3 大匙
圓鱈魚	300 克	山茼蒿	2-3 株	鹽巴	少許
薑泥	2.5 大匙	香油	適量	水	5 碗
番茄	1 顆	白胡椒粉	適量		
雞蛋	1 顆	醬油	適量		

Tips >>>

鱈魚肉質軟嫩易碎，建議切小塊後入鍋，較不易在攪動湯的時候弄碎。

薑可去腥，磨泥後先炒香，再一同入鍋烹煮。

做法

1. 圓鱈把皮切下，魚肉切小塊，雞蛋打成蛋液，太白粉兌水調成芡汁備用。

2. 番茄切丁，香菜切末，山茼蒿切小段備用。

3. 泡發好的銀耳放到調理機中，倒入 1 杯水攪成細碎後，用濾網過濾多餘水分備用。

4. 熱鍋後放入香油、魚皮、2 大匙薑泥煎香。倒入 5 碗水，轉中火熬魚高湯。

5. 另備深炒鍋，熱鍋後加入適量香油，放入番茄丁炒香、半大匙薑泥炒勻。

6. 將魚高湯和銀耳倒進來，以中火煮滾，放魚肉塊，用鹽和醬油調味增色。

7. 湯滾時轉小火，太白粉水分次倒入湯中，調整到你喜歡的濃稠度。

8. 淋上蛋液，用湯匙背面輕輕攪拌，回滾後撒上香菜，上桌。

雪菜黃魚豆腐羹

4 人份

　　小的時候我最討厭吃雪菜，但國小的午餐便當都會有，老師知道我挑食，總是會站旁邊盯著我吃完。長大後有天突然在麵館挑了盤「雪裡紅」來吃，到現在三十幾年後，雪菜反而成了我很愛的食物。挑選雪菜時得注意，顏色越深表示醃得越久，得多花點時間清洗。我習慣把魚骨炒到焦香後再熬湯，讓湯頭多點層次；此外利用太白粉保護肉質後再下鍋半煎炸，煮成湯後湯裡更多了油香味。

食材

黃魚	1 尾	清酒	1 大匙
醃過的雪菜	3 把	太白粉	1 大匙
嫩豆腐	1 塊	白胡椒粉	1 小匙
雞蛋	2 顆	香油	1 大匙
薑片	3-4 片	沙拉油	1 杯
鹽巴	適量	水	5 碗

Tips >>>

1. 將魚肉取下來的訣竅：先在魚頭處劃一刀，一手抓住魚尾，再從靠近尾巴末端下刀，感覺刀刃碰到魚骨時，刀擺橫切，將魚肉取下。
2. 魚頭立起對切，與魚骨清洗乾淨，並剁成小塊。
   片下來的魚肉可能還是有魚刺。順著魚刺方向滑刀，連同魚肉魚刺片下，
3. 滑刀時不要有切到東西的感覺。

做法

1. 將片乾淨的魚肉豎切成兩大塊，再切成小塊備用。

2. 打顆雞蛋取少許蛋白，放入魚肉塊裡，加入適量鹽巴及清酒混合均勻，放置片刻去腥調味。

3. 再在魚肉塊裡放少許太白粉拌勻，靜置備用。

4. 熱鍋後加入少許沙拉油，放入薑片煏香後，再將魚頭、魚骨入鍋炒到散發香氣、外層有點焦。

5. 倒入水後以中火煮滾，同時撈去魚湯的浮沫，再用小火繼續熬煮。

6. 嫩豆腐切塊、雪菜清洗後切碎備用。

7. 取另一個深炒鍋半煎炸魚肉。要預防魚肉入鍋後沾黏，可在醃魚塊的碗裡倒入沙拉油攪勻，讓魚肉先被油包裹著再入鍋。

8. 魚肉放入油鍋中翻攪一下，大略30秒後，用濾網撈出魚肉備用。

9. 炒鍋倒入少許沙拉油，放入雪菜炒至散發香氣。由於雪菜本身已經有鹹度，不用再加鹽。

10. 這時再將熬煮的魚骨湯，用濾網撈出魚骨，高湯倒入雪菜鍋裡。

11. 將太白粉兌水調好芡汁，緩慢倒入魚湯雪菜鍋中勾芡。

12. 放入嫩豆腐，用湯匙的背面在鍋中攪動，避免豆腐被攪破。

13. 將1顆全蛋和醃魚肉時剩的蛋白打成蛋液，緩慢倒入魚湯雪菜鍋裡，並用湯匙的背面輕輕撥動蛋花。

14. 撒入適量白胡椒調味，放入炸好的魚肉輕輕撥動。

15. 起鍋前再淋上一圈香油，完成。

港式蘿蔔糕

4 人份

不同地方的蘿蔔糕做法都不同，港式會在米漿裡放些臘肉，台式基本是白蘿蔔糕居多，但重點都是蘿蔔要有甜度。這道菜完全不需要技巧，牢記水和米的比例是 2：1，煮到凝固就可以進蒸鍋了，但我希望把味道堆疊進去，成品比較香，所以在做法上特別保留蘿蔔水，臘腸也和紅蔥頭炒過，如果你想加進香菇、蝦米也行，只要炒透炒香就好。

食材	
白蘿蔔	1 條
冬菇瑤柱臘腸（或臘腸）	1 條
紅蔥頭	5 顆
沙拉油	半杯
糖	適量
鹽巴	適量
白胡椒粉	適量
在來米粉	300 克
水	600cc

沾醬	
香油	1 大匙
醬油膏	3 大匙
醬油	1 大匙
蒜末	1 小匙

做法

1. 白蘿蔔去皮刨絲、臘腸切丁、紅蔥頭切末備用。

2. 熱鍋加入適量沙拉油，將臘腸放入炒到散發香氣。

3. 加入紅蔥頭煸出香氣後，倒出備用。

4. 原鍋放入白蘿蔔絲，加入 300cc 的水、糖煨煮。

5. 另外用大碗裝 300cc 的水，加入適量糖、鹽巴、白胡椒粉調味備用。

6. 炒鍋裡的白蘿蔔絲煮到有點透軟，用濾網將蘿蔔絲濾出，煮蘿蔔絲的水倒入步驟 5 的碗裡。蘿蔔絲放一旁備用。

7. 這碗調好的蘿蔔水是 600ml，需要和在來米粉混合攪拌均勻。

8. 將米漿、蘿蔔絲倒入鍋中加熱，不停攪拌至稍微凝固。

9. 倒入臘腸後，繼續攪拌到凝固成泥狀。

10. 把凝固的蘿蔔漿泥倒入容器中。

11. 湯匙沾滿少許沙拉油後，抹平容器表面的蘿蔔漿泥，放入蒸鍋蒸 30 至 40 分鐘。

12. 將蘿蔔糕從容器中倒出，放涼後切成等量大小。刀子可抹點油比較好切。

13. 切好的蘿蔔糕直接以油煎香，煎到外層有點脆脆的，裡面是軟的即可。

黑芝麻麻糬

4 人份

碰到有客人臨時到家裡拜訪，吃完飯後可能會想嚐些甜點，如果要為此再出門採買實在很麻煩，也打斷好友聊天的談興。這道甜點只用家中廚房現成的材料，做法也很快速，如果沒有黑芝麻粉，改用花生粉也行，可以切成塊狀撒粉之後成盤，但我習慣不特別切過，圍在一起用湯匙挖來吃也挺好玩的。

食材

黑芝麻粉	300 克
細砂糖	100 克
太白粉	75 克
牛奶	300cc
砂糖	25 克

做法

1　將細砂糖倒入黑芝麻粉中拌勻備用。

2　冷鍋倒入牛奶、砂糖、太白粉。

3　在還沒開火前，先將鍋中的材料攪拌拌勻，確定粉末都溶解沒有沉澱了，就可以開中火烹煮。

4　一邊用鍋鏟在鍋中攪拌，直到呈現濃稠狀為止。

5　當開始凝固時，轉小火；加快攪拌速度使之成型後，關火。

6　將麻糬放入備用的黑芝麻細砂糖粉中，完成。

Tips ›››

先用鏟子將鍋中的材料輾平壓碎，確定都溶解後再開火。

加快攪拌使鍋中麻糬成形，當鍋裡不再沾黏食材時，就能起鍋。

詹姆士快手菜

5 核心觀念 + 97 道食譜，教你成為廚房裡的時間管理大師

作者	鄭堅克
攝影	力馬亞文化創意社
主編	莊樹穎
文字整理、編輯協力	沈依靜
書籍設計	賴佳韋工作室
設計協力	謝明佑

行銷企劃	洪于茹
出版者	寫樂文化有限公司
創辦人	韓嵩齡、詹仁雄
發行人兼總編輯	韓嵩齡
發行業務	蕭星貞
發行地址	106 台北市大安區光復南路 202 號 10 樓之 5
電話	(02) 6617-5759
傳真	(02) 2772-2651
讀者服務信箱	soulerbook@gmail.com
總經銷	時報文化出版企業股份有限公司
公司地址	台北市和平西路三段 240 號 5 樓
電話	(02) 2306-6600

第一版第一刷 2020 年 7 月 31 日

第一版第七刷 2024 年 2 月 16 日

ISBN 978-986-98996-1-1

國家圖書館出版品預行編目（CIP）資料

....

詹姆士快手菜／鄭堅克著 · ——第一版 · ——台北市：寫樂
文化，2020.07　面；　公分 · ——（我的檔案夾；48）
ISBN 978-986-98996-1-1（平裝）

....

1. 食譜

427.1　　　　　　　　　　　　109009674

圖片提供

P.8 BravissimoS，Shutterstock.com

P.12（上、下圖）New Africa，Shutterstock.com

P.11（上圖）New Africa，Shutterstock.com